どんがら

トヨタエンジニアの反骨

清武英利

講談社

どんがら
トヨタエンジニアの反骨

人間であるということは、
たんなる生存を超えた何かを追い求めるということだ。
食べるものや住む家と同じくらい、私たちには希望が必要なのだ。
そして、その希望が路上にはある。それは車の推進力が生む副産物だ。

——『ノマド』ジェシカ・ブルーダー

プロローグ

「製品の社長」と呼ばれた技術職が、トヨタ自動車にはあった。

車両担当主査という部長職のことである。いまのチーフエンジニアに当たる。一九八二年まで社長を務めた豊田英二は、「主査は製品の社長であり、社長は主査の助っ人である」という言葉を残している。製品開発の柱だった。

それが、トヨタの車種とチーフエンジニアの数が増え、本物の社長が絶対的な力を誇示するようになると、「製品の社長」という企業文化は少しずつ忘れられ、「チーフエンジニアの仕事は我慢することだ」という当事者たちの言葉が説得力を持つようになった。

彼らエンジニアの城、つまり技術本館はしばしば、「白い巨塔」に例えられる。もともとは、国立大学医学部をモデルにした山崎豊子の長編小説のタイトルで、進歩的に見えながら組織の壁に覆われた非情な医局を意味していたのだが、トヨタでは、技術本館と技術部のことを指している。夢想的で理屈っぽいエンジニア集団を、事務系の社員が皮肉交じりにそう言うことが多い。

社長の豊田章男もよく使う。技術系の副社長を「白い巨塔の代表者」と呼び、「(副社長は)心の底では、私のことをバカにしているでしょ?」と揶揄《やゆ》したりする。それで、勇気のある若手技術部員が、年頭挨拶の後の社内ミーティングで壇上に向かって、

「社長は技術部のことがあまり好きではないという噂を、ときどき間接的に聞きますが、ぜひ、本当のお考えのほどを」

と尋ねたことがある。

「好きとか嫌いではなくて、技術部は『会話が通じない』とは思っています」

というのが章男の答えで、そのとき、会話が通じない技術者たちの具体的事例として俎上《そじょう》に挙げられたのが、この物語の主人公たちである。

技術本館は十五階建てだ。トヨタの心臓部である愛知県豊田市トヨタ町を縦横につらぬいて走る、国道二四八号線と市道豊田環状一号線の交差点東側に建っている。

その南側にもゆるやかな曲線をもつ十五階建てのビルが、青空を映して屹立《きつりつ》している。こちらはトヨタ本館、社長を筆頭に事務、営業系が陣取る事務棟である。金属のかまぼこを縦に置いたような造りで、壁面のガラスが輝いて見える。

西側には鋸歯《きょし》状の屋根の低い工場群。工員たちの牙城で、「カイゼン」「ジャスト・イン・タイム」の言葉に象徴される「トヨタ生産方式」の実践の場だ。

技術本館には、冒頭で紹介した独自の「トヨタ製品開発方式」がある。トヨタ工場の無駄のない生産管理システムは世界的に有名だが、それは「Z《ゼット》」と呼ばれるチーフエンジニアを中心にした製品開発方式が初めにあって生きてくる。

つまり、国道二四八号線をはさんで、東と西で生まれたこの二つのシステムがトヨタを成長させ、世界企業へと押し上げたのだ。

このうち、「トヨタ製品開発方式」があまり知られていないのは、生産管理システムが公表され世界中に喧伝されてきた――その裏には、形だけまねても根付かないことがわかっているという事情もある――のに対し、製品開発方式については極秘をつらぬき、ベールに包んできたからである。

それを裏づけるかのように、技術本館の周囲には、「撮影はご遠慮下さい」という看板が立っている。その敷地内はカメラや携帯電話の持ち込みが禁止され、少し前まで社員の貸与携帯についても撮影機能が除かれていた。

車で訪れると、技術本館のゲートでドライブレコーダーに覆いを掛けるように求められる。敷地の中にはテストコースもあり、シートなどで偽装した開発中の車両が走っているからである。

異様なのは、技術本館の屋上に高い柵がめぐらされていることだ。柵自体が見上げるほどの高さなので、その理由を尋ねると、

「あれは飛び降りを防ぐためなんですよ。技術者はいつも追い込まれていますからねえ」

そう言って脅かす者もいて、新参者や外部の人間はぎくりとするのである。

どんがら トヨタエンジニアの反骨 ＊ 目次

イラストレーション　西山竜平
ブックデザイン　鈴木成一デザイン室

第一章

憧憬が大きければ傷つくことも多し

一　車なんかやめだ

小針神明社《こばりしんめいしゃ》の鳥居を過ぎたあたりから家々の灯は絶え、闇のなかの田んぼが深閑と広がっていた。愛知県岡崎市の中心部から北西に六キロ、寒々とした農道である。

「やってられねえぜ」

畦道《あぜみち》の中で、小さなＬＥＤライトを持った痩軀《そうく》長身の男がひとり怒鳴っている。

「なんでわかんねえんだ！　あのバカは」

ひょろりとした男は細い眼鏡をかけ、握ったリードの先には黒い中型犬がいた。罵声は主にその犬に向けられていた。もう三十分もぶらぶら散歩しながら哀しそうに叫んだり、立ち止まって嘆いたり、暗い空を仰いだりしているのである。

「やめだ、やめだ。車なんかやめだ」

男は多田哲哉《ただてつや》という。トヨタ自動車に途中入社してから二十年になる。「Ｚ」と呼ばれる開発チームのチーフエンジニアである。三ヵ月もすれば五十歳だが、短く刈り上げた髪が逆立ち、十歳以上も若く見えた。

自動車はボルト、ナットまで数えると約三万点の部品から成っている。これが電気自動車になるとその半分以下で済んでしまうのだが、チーフエンジニアの場合、新車開発の企画から設計、宣伝、販売に至るまで現場の決定権を握り、約三万点のすべてを差配するから、部長職でありながらかつての車作りでは絶対的な力を持ち、技術職の憧れのポストでもあった。そのひとりが毎夜、田んぼの畦道で憑《つ》かれたように振る舞っている。

多田の職場は、十一キロ先の豊田市のトヨタ技術本館にある。このエンジニアの城から午後十時前後に岡崎市の自宅に帰り、毎晩すぐに農道に現れ、畦道を歩き回るのだ。

犬の名はダッチといって、狩猟犬の血を引くラブラドール・レトリーバーである。畦道で叱りつけてくる主人をボーッとした顔で見上げていた。そうかもねえ、と同情しているようでもあり、何を言っているのか、と問うているようでもある。その老犬を罵倒し顔を見合わせているうちに、ばかばかしくなったらしく、

「もう、やめようかね」

とつぶやいた。そして、ゆっくりと家路につく。

以前は、ダッチの散歩に妻の浩美が行くこともあったのだが、百五十センチと小さくて細身の彼女はある夜、リードごとダッチに引き倒され、ひっくり返った拍子に顔に傷を作った。それから夜の散歩は多田ひとりが引き受け、一日の終わりに老犬が罵声を浴びることになっている。

チリンチリンと玄関のベルが鳴った。

「あっ、戻ってきた」

浩美は夫の帰宅に気づいた。この家は玄関のカギをかけていない。彼が「今から帰るよ」などと連絡したためしはないし、会社や外出先からいつ帰ってくるかわからないので、しかたなくそうしている。

彼は挨拶もしない。「ただいま」も、「おはよう」も、「いただきます」もない。プロポーズの言葉もなかった。考えごとをしながらヌーッと家に入ってくる。それで息子が中学生のころに工作をして、玄関に下げるベルを取りつけた。

悪態散歩は、家に仕事を持ち込まない彼のストレス解消の手段である。だが、浩美は少し前から様子がおかしいのに気づいていた。

人事異動があったり、新車が出来上がったりして、仕事の節目を迎えると、夫は会社の出来事をぽつりぽつりと話して聞かせたのだが、近ごろは、食卓で入れたコーヒーを飲みながら、「会議は本当に無駄だ」と口にしたり、「もういい加減いやだ」と投げやりにぼやいたりしている。

この前はこんな独り言で、浩美をびっくりさせてしまった。

「もうあんな車を作りたくない。まったく面白味がないんだよ」

二〇〇七年が始まったばかりだった。

トヨタは販売台数で前年にダイムラー・クライスラーを抜き、この年にフォード・モーター社を超えて、全米二位に躍進しようとしている。はた目にはその一翼を担う多田の車作りも順調に見えた。

彼はもともと三菱自動車のエンジニアで、そこを飛び出してベンチャー企業を作って失敗した後、トヨタに転職した。それから十二年目の一九九八年に第二開発センター製品企画室に引き抜かれている。それはZと呼ばれる中枢のチームのひとつだったから、抜擢と呼ぶべき人事だった。Zを率いるチーフエンジニアに昇進したのは三年後、まだ四十三歳だった。

Zのチームは、レクサスやカローラ、プリウスといった車種ごとにあり、多田が任されたのは、小型のFF（フロントエンジン・フロントドライブ＝前輪駆動）大衆車の開発集団である。

それぞれの集団を区別するため、Zの文字にもうひとつアルファベットをつけて、彼の開発チームは「ZL」、カローラ開発チームならば「ZE」、プリウスチームならば「ZF」と呼んでいた。

「ZE」はカローラがE型エンジンを積んでいた名残で、「ZF」は「ZE」の次だからそう命名されたのだが、多田たちの「ZL」や、クラウンの「ZS」、コロナやセリカの「ZA」などは、符号の根拠をはっきり説明できる者がもういない。そのときに空いている文字をつけることが多かったのだという。

ちなみに、Zという呼称には諸説ある。有力なのは、旧日本海軍の乾坤一擲《けんこんいってき》の海戦で艦橋に掲げられる「Z旗」に由来するという説である。

日本海海戦の際、連合艦隊司令長官の東郷平八郎が、旗艦三笠のマストにZ旗を掲揚し、「皇国ノ興廃此ノ一戦ニ在リ、各員一層奮励努力セヨ」と叱咤した。そんな意味が込められているのだという。

トヨタでは、日産のサニーを追撃して一九六六年にカローラを発売する際、新型エンジンの社内コード「27E」にZの文字を加えて、「27E‐Z」に変更したことがある。これもあのZ旗の意味を込め、「トヨタノ興廃此ノ一戦ニアリ」という心境だったからだ。

そのとき、開発現場では、サニー撃破へと、エンジニアの気持ちをひとつにするため、Zのゴム印をつくり、カローラ関連の極秘書類すべてに赤い印を押した。Zの文字は、二〇二二年のロシアによるウクライナ侵攻を支持するシンボルとしてイメージダウンをもたらしたが、トヨタにも特別な意味がある。

もうひとつの説は、多田が先輩から教えられたのだが、「Zはアルファベットの最後にあって、すべての部署に号令をかけることができる技術者集団だから」というのである。

いずれにせよ、転職組、つまり多田のような外様の社員が、トヨタでチーフエンジニアという地位にたどりつくのは異例のことであった。

チーフエンジニアという役職や人事制度は同業他社にもあるが、Zチームは、他の部やプロジェクトチームとは別格の、頭脳のような存在で、戦争がすべての労働と研究、教育を勝利への一点に求めるように、トヨタは新車開発の総力をこのシステムに集中させていた。

当時、その地位にあった者は約二十人、全社中から抜擢されて競争に耐え、かつ体や精神を病むこともなく生き残ったエンジニアだった。彼らは七人から十人ほどの技術者を直属の部下として抱え、デザイナーや設計部門、広告宣伝部門ら他の部署の部長や課長を集め、「こんな車を作りたい」と自分の考え通りに車を生み出していく。

他の部署に対する人事権や指揮権はないので、説得力と調整力が求められるが、エンジンやボディ設計、デザイン部の部長たちが承認したことでも、チーフエンジニアのサインがないかぎり、設計図や提案書類は社内で効力を発揮しないという武器がある。

役員の階段も目の前にある。そのために気難しかったり、大人風《たいじん》だったり、短気な職人気質《かたぎ》だったりする者が多いのだが、途中入社の多田は役員レースを初めから諦めたところがあり、会社では人懐っこい微笑を絶やさない、柔和なサラリーマンに見えた。

ところが、これが意外にしぶとい技術者だったのである。

二　一日でも早く、一円でも安く

　多田がチーフエンジニアとして初めて手掛けたのが、多機能の背高ワゴン・ラウムの二代目だった。車のハンドルを横の楕円形にしたうえ、エアコンのスイッチやつまみの表示を英語から大きな字の日本語に変えて、営業担当をびっくりさせた。役員たちにも「お前は何を考えているんだ」と怒られた。

「ハンドルは真ん丸がいいに決まっているじゃないか。それに日本語表示は格好悪い」

　と激しく責められたが、彼は数百人のユーザーから集めたアンケートや意見聴取結果を盾に押し切ってしまった。そのうえ、取材に来た記者たちに、「ひとつとして同じものは作りたくない」と大見得を切った。

　自信にあふれた時期がだれにでもあるものだ。当時の発言が雑誌に残っている。

「ハンドルが横に楕円のほうが、乗り降りしやすいし、奥にあるメーターも見やすいでしょ。警告ランプだって、今までは点灯しても運転手にいったいどうしろと言っているのか分からなかった。そこを（『販売店に連絡』とか、『点検』とか日本語表示するようにして）変えたんです。車はこういうものだって、だれが決めたんですか。だれも決めていないのに、いつのまにか既成概念になってしまっただけでしょう。オールクリアしなきゃ」

これは「いま台頭する『40代勢力』大研究」というタイトルで、週刊誌『Yomiuri Weekly』二〇〇三年六月一日号に掲載された特集記事の一部だが、その政治家編には、官房副長官時代の安倍晋三や民主党政調会長だった枝野幸男が取り上げられていた。

そのころの多田は期待され、一方では変わった男だと思われていたのだった。

多田ら四十歳台の技術者がZで力を発揮し始めた二〇〇〇年ごろから、トヨタは北米やアジア市場に次々と新車を投入し、年間五十万台から六十万台という販売台数を毎年のように上乗せし続けていた。これは当時のスバルの年間総販売台数に近い、驚異的な数である。

多田はラウムの二代目に続いて、ハッチバック型小型乗用車のパッソ、コンパクトトールワゴンのラクティス、三列座席のミニバン・ウィッシュなどを送り出して次々にヒットさせた。それはラクティスについては、デザインを決めてから、わずか九ヵ月半で発売にこぎつけた。それはトヨタの最短開発記録である。

「車種を素早く、どんどん増やせ」というのが、トヨタの至上命題だった。車種をたくさん出せば出荷台数も増えるのだ。「うちは毎年、スバルを一社分ずつ作っているようなものだ」と豪語する社員もいた。

だが増産のために技術者たちには、車ひとつの開発にかける期間を三割減らせ、といった指示が下りてくる。そんな中で、多田の兄弟子にあたるチーフエンジニアの北川尚人《なおと》（のちにダイハツ工業専務）は、「開発費用を半分に減らせ」と求められ、一台の試作車も作らずに車を完成させた。背の高いコンパクトカーbBを作ったときのことである。

北川は初めに設計変更を減らし無駄をなくそうとしたのだが、費用は減らなかった。行きついたのが、最もカネのかかる試作車の台数削減である。数十台も作っていたのを、十台、五台、三台と減らし、最後に一台も作らずに開発したらどうなるか、と性能予測シミュレーションで計算し、実際に費用半減を達成した。

北川が「試作車レス開発方式」と名づけたそのやり方は、名人芸に近かった。優秀なメンバーであれば、そうした短期開発もできるのだ。だが、チーフエンジニアとその部下たちは時間に追われ、自分と家庭を見失いそうになる。

短い期間に車を次々と生み出すのが良いエンジニア、車にこだわりを持って能書きを垂れるのはだめな奴、と言われるのだ。

多田は中枢のZチームに引っ張ってくれた師匠や兄弟子格の北川から、真逆の「こだわりの哲学」のようなものを仕込まれていた。それもあって、「ツベコベ言っている暇があったら、一日でも早く、一円でも安く車を作れ」という風潮が一番いやだった。

それでも会社の要求に応え続けたのだが、チーフエンジニアに就いてから七年近くが過ぎ、ただ売れる車を作るだけでは満足できなくなってきている。予算と納期に追われ、社長や役員たちの意向に従って社内で生き延びるだけではなく、働き続ける希望と人生に残るものが欲しかった。

その理想と現実の苦行との乖離《かいり》が毎夜、この技術者を暗闇の田んぼで絶叫させるのだ。


では、彼は何をしたいのか——。

浩美にはわかっていた。スポーツカー、それもトヨタらしくない車を作りたいのである。二十数年前、二人がまだ、岡崎市の三菱自動車乗用車技術センターで働いていたころから、ずっとそうだった。

多田は名古屋大学工学部電気工学科を卒業した電気部門の技術者で、ラリーレースで名を馳せていた三菱自動車の人事部に直接電話をかけて潜りこんでいた。大学で自動車部に出入りしながらロックバンドに興じ、成績は振るわなかった。ゼミの担当教授はどの会社も紹介してくれず、通常の入社試験は終わっていたから、人事部に談判して特別試験を受けたのだという。

そうしたグイグイと強気に出るような雰囲気が、浩美は苦手だった。多田は身長が百七十九センチもある。小柄で初々しさを残す浩美にはまぶしく見上げるような大男だ。昼休みには颯《さっ》爽《そう》とテニスを楽しんでおり、肩で風を切って社内を歩いているように見えた。

「みんなで食事に行かないか」と誘われたときも、「私には無理」と友達には言っていたのだが、少しつきあってみると、ラリーとスポーツカーで頭がいっぱいの子供のようなエンジニアだった。

「ジュール・ヴェルヌの『十五少年漂流記』が好きなんだ」

と言って照れないところがあった。

浩美が結婚を決断した一番の理由は、多田の車に乗ると酔わなかったからである。そこに優しさを感じた。彼女は車酔いをする質《たち》で、勤労課で働き始めた後もそれは変わらなかった。ところが多田の助手席だと大丈夫なのだ。

——なぜだろう。

彼の車は黄色の車高の高い三菱ミラージュで、ラリー仕様だった。サスペンションやシートも固めだったから、それは彼の愛情のあらわれかもしれないと思うようになった。

彼は黙っていたが、実は浩美のためではなかったのである。

いつもラリーを想定して滑らかにギアをつなぎ、一般道でもタイヤと車に無駄な加重をかけないようにしているだけのことだ。ラリーでいいタイムを稼ぐには繊細な運転が必要で、急発進をしたり急ブレーキをかけたりするとロスを生むのである。彼は夜中にもこっそり山の中を疾走したり、休日にサーキットに出かけたりして練習を積んでいた。

彼に運転の楽しさと技術を教えたのは、父親の俊夫である。住友の企業城下町である愛媛県新居浜市で、住友重機のエンジニアとして働いていた。

結納のために浩美の実家にやってきたとき、彼女は義父となる俊夫をしげしげと見た。

——この人から始まっているのか。

マイカーが珍しかった時代に、俊夫は愛知機械工業のコニー360を買った。次いでマツダのキャロル、トヨタのパブリカ、初代カローラと、次々に買い替えては走り回り、それに飽き足らずにラリーでタイムアタックに挑んだ。ナビゲーターは妻の安子だ。助手席に乗せ、モービル石油主催のハイラリー四国地区大会で優勝をさらってしまった。

次にカローラ1100を買って整備し、激しい運転に音を上げた安子の代わりに中学生の息子を座らせ、転戦した。ナビゲーターに免許がなくても参加できる時代だった。

長身の多田は中学のバスケットボール部に所属していたが、父親のラリーカーのナビゲーターを務めたり、月刊『モーターファン』や『オートスポーツ』、それに外国のモータースポーツ雑誌を読んで、「どうしたらラリーに勝てるだろうか」と考える方がずっと楽しくなった。

レース場で土ぼこりをかぶりながら、こう思っていた。

——プロになりたい。なれないのならばスポーツカーを作りたい。


浩美との結納の日、多田は姿を見せなかった。

「忙しいから、よろしく頼むね」

と言い訳をしていた。俺がいなくても大丈夫でしょ、とその顔は笑っていた。

――哲哉さんはきっと堅苦しい場が苦手なんだ。結婚式は本人がいないと困るけど結納なら許せるか。

二十五歳の浩美はそう思って、「いいよ、来なくて」と言ってしまった。

だが、両家がかしこまって挨拶を交わしているころ、本人は三菱ランサー一八〇〇ccターボを駆って、中部チャンピオンシリーズのラリーに出場していた。そして一九八二年の年間チャンピオンの座に就いている。それをずっと隠し通していた。

たとえ打ち明けられていても、そのころの彼女ならば「いいよ」と許したかもしれない。彼女は地元の堅いサラリーマン家庭でおとなしく育った。それをいいことに、彼はコースアウトしてしまう。

ラリーに絡む部署への異動が叶えられないので、三菱自動車を五年ほどで辞めてしまったのだ。「三菱にはラリーの夢を叶えるために入ったので、車載メーターを開発するためではないんです」と上司に訴え、こっぴどく叱られていた。電機店の手伝いで糊口をしのいだ後、デザイナーだった同僚らと三人で、コンピューターシステム会社を名古屋で興した。

NECのPC－6001の発売に続いて、任天堂のファミリーコンピュータが爆発的に売れ、ソフト会社が乱立した時代である。マイコンブームに乗ろうとしたのだ。ゲームソフトが一発当たると、ビルが建った。

「うまくいけば、ごちゃごちゃ言われることもなく、思う存分、ラリーができる」と考えていたのだが、ベンチャー企業はひとりで何役もこなさなければならない。仕事は次々と舞い込んできたものの、忙しすぎて眠る時間さえなくなった。

一年ほどすると、徹夜しても仕事が回らなくなった。体調もおかしくなって、フラフラしてトイレに入ったら、便器が血尿で真っ赤に染まった。

このままだと死んでしまうな、と思っているときに、トヨタに入社していた大学の友人から、「馬鹿なことはやめてうちに来い」と声をかけられ、嘱託入社した。トヨタも本格的に電子関係の部署を作り、車に内蔵するコンピューターを作ろうとしていたのだった。

このころ、彼はホンダからも内定通知をもらっている。浩美の前で、

「トヨタとホンダ、どっちにしようかな。ホンダといえばF1だなあ」

とレースの夢を口にした。すると、ずっと「あなたが好きなことをすればいいよ」と言っていた妻が気色ばんで声を高めた。

「トヨタだったら、私たちの地元じゃないの。同じ自動車会社で、トヨタとホンダの何が違うの？　トヨタにしてもらえませんか」

睨んだ童顔の眼は精いっぱいの怒りを訴えていた。

「もう二人目も生まれるのよ」

大きくなった私のお腹がこの人には見えていないのだろうか、と彼女は思った。

そんな夫から夢想を奪ったのは、トヨタであり、Zである。

トヨタの本社工場で働く養成工の妻が、こう漏らしたことがある。「夫は会社にあげたのだから仕方ない」。養成工はトヨタの技能者養成所（現・トヨタ工業学園）で働きながら育てられた職工で、人生のすべてを仕事に捧げる人が多かった。

浩美も似たような考えを持っていた。「捧げたくなくても、捧げざるを得なくなる。夫がトヨタに勤めるということはそういうことだ」

チーフエンジニアになって何年もすると、夫は帰宅するや、あっという間にご飯を食べ、気がつくと椅子でそのまま寝たりするようになった。疲れ果てているのだ。

週末にふうっと息を継いでしのぎ、日曜日の夕方、『サザエさん』のテレビアニメが始まるころになると、ため息をついている。また月曜が来るので息苦しいのだ。

こんなにも人生を会社に捧げている。でも体を壊したら何にもならないじゃないか。浩美はこうつぶやいていた。

「そんなにつらければ、会社を辞めてもいいんじゃないの」

三　特命には裏がある

「常務がお呼びです」

　という電話を多田が受けたのは、二〇〇七年の一月の終わりのことである。昼休みが終わった直後だった。技術本館十一階の役員室にすぐに向かった。役員に呼ばれて褒められたためしがない。彼はミニバン・ウィッシュのモデルチェンジを手掛けている。

　――どうせ、小言をいわれるんだろう。

「原価目標は達成できたか」とか、「販売からクレームが届いているから、それを考慮して作るように」といった話ばかりだった。

　ウィッシュは、デザインを審査する役員会にかけたところで、役員たちからいろんな注文がついていた。それも「もうちょっと顔のところが何とかならないのか」「サイドをシュッと作ってもらいたい」という抽象的な注文から始まり、台湾やアジア向けに、「少しアジアっぽくできないかね」といった小難しい要求まであった。

　そんな話だろうと思って、多田は憂鬱な気持ちを隠し、常務である河上《かわかみ》清峯《せいほう》の前に立った。

　前置きなしに河上は言った。

「君ね、もうミニバンはいい。明日からスポーツカーを作ってくれ」

　河上は工場の設備開発を手掛けてきて、技術部では次の時代の技術開発を担当していた。痩せて眼鏡の奥の目は神経質そうに見えるが、宴会好きの人情派で通っていた。

　多田は目を白黒させて言った。

「ウィッシュがいま大変なときなんですけど……」

「だからウィッシュはいいんだ。だれか後任をつける。いまから君はスポーツカーの担当だから、頑張るようにな」

彼は一瞬言葉に詰まった。「これマジかよ」という混乱と、「やったァ」という快哉が多田の頭の中で交錯した。

「何を作れと言うんですか？」

「何も決まっていない。それを考えるのが君の仕事だろう。そこから考えるんだ」

河上はいつも少しとぼけた物言いをする。

「はあ」。さっぱりわからない。

「まず部下をひとりつけてやる。いまのZの中にはスポーツカーの部門やグループがないから、とりあえず異動して、スポーツカーの企画にあたってくれ。小さなグループを作ってやるから」

なにか事情があるのだ。地に足がつかないまま自席に戻り、これはどうしたことだろう、と考え始めた。

トヨタはこの八年間、新しいスポーツカーを発表していない。一九九九年に発売した二人乗りのMR-Sが最後だ。その後も時折、デザイナーたちや商品企画室などが、「次はこんなスポーツカーが売れるのではないか」と役員会に企画を提出してきた。

その夢はだれも否定しないのだが、提案は毎回、効率主義の前につぶされてしまってきた。「同じ金を使うのであれば、いまはもっと効率的に売れる車がある」というわけで、延々と先送りにされているのである。

国内他社のエンジニアの話では、彼らも同じような事情を抱えていた。広島市に本拠を置くマツダが、軽量のロードスターを製造しているくらいのものだった。

しかし、スポーツカー作りは多田の長年の夢であり、生きる希望だったのである。裏に何かあるなとは思っても、嬉しくてじっとしていられなかった。廊下に出ると、浩美の顔が急に浮かんできた。

「あなたは変わってしまった」とあきらめきった妻のまなざしであり、「もうちょっと楽しい人だと思って結婚したのに」という絞り出すような声だった。

三菱入社二年目に、「かわいい子が事務にいるぞ」という話で同僚と盛り上がり、会社帰りに思いきって声をかけた、その日の記憶が蘇ってきた。

気がつくと携帯電話で自宅にかけていた。浩美が出ると、

「おい、スポーツカー作ってくれと言われたぞ」

と早口で言った。

「常務に頼まれたんだ。スポーツカーを開発してくれって」

外から連絡をしてきたことがない夫なので、彼女はびっくりした。電話の向こうの声は弾ん

でいる。

「よかったね」。優しく言った。

「もうファミリーカーは作りたくない」という夫のつぶやきを聞かされ、落ち込んだ姿をずっと見ていた。そこから生き返ったような感じだった。

深く落ち込んだと思えば、どうにか息を吹き返す。浩美は前にも二度、こんな夫の姿を見ていた。

最初はトヨタに転職して十二年目、Zチームのひとつに引き抜かれた直後のことだった。新参者の多田は何をすればいいのか、さっぱりわからなかった。

第二車両技術部でブレーキアシストの開発をしていたところを抜擢されたのだ。車の部品のひとつを研究開発していたのに、車全体を見渡した開発が理解できるわけがなかった。チーフエンジニアや先輩は一日中叱咤し、怒鳴りつける。

「何が悪いのか、自分の頭で考えろ。頭から煙が出るまで考えろ」

「なぜ、なぜと疑問を持つんだよ。問題を発見したら『なぜ』を五回は繰り返せ」

「まず行って話してこい。納期は何が何でも守るんだ。開発方針が正しければ、必ず説得できるんだ」

毎日、午前零時ごろまで働いていた。それが当たり前という雰囲気である。そのうちに、食事がのどを通らなくなった。帰宅して何を食べても美味くない。特に、トヨタの敷地の中では、どんな食べ物も受けつけなかった。先輩からかけられた言葉の意味がようやくわかってきた。

「ここに集められたエンジニアはボディやシャシー設計、電気、コンピューターなど、各部門の優秀な者ばかりだ。しかし、半分ぐらいの者は仕事の重圧で体を壊したり、精神を病んだり、どうしても仕事の全貌がつかめなかったりして、元の部署に戻っていくんだ」

急激に痩せたのを見た浩美から手作り弁当を持たせられた。昼時になるとトヨタの敷地から外れた公園まで車を飛ばした。そこで弁当を開き、「これだけは食べてね」と浩美に言われたおかずを飲み込むように口に入れた。

元の職場に戻りたい。けれども後戻りして俺には何があるんだ。

そう思いながら毎日、食べ残した弁当を持って帰った。Zチームはトヨタエンジニアの目標である。そこに引き抜かれた男が悩みの底にいることは誰にも知られていなかった。

立ち直ったのは数ヵ月後だ。ある日、チーフエンジニアの言っていることの一部がわかった。そう思える瞬間が不意にやって来た。英会話を習い続けていて突然、会話が耳に入ってくるような不思議な感覚だ。二年ほどすると職場全体が見えてきた。弁当も持たず会社に行けるようになった。

ところが、チーフエンジニアに昇進すると、またも様子がおかしくなった。

家中の蛍光灯を消して回るのである。会社や工場で「電気がもったいない」と言っているうちに、自宅でも無意識に電気を消すようになってしまった。浩美はびっくりした。

——こんなケチな人だったのか。

あんなに格好がよかったのに、つまらない人になってしまった。

製造業は一円のコストダウンが企業の生死を分ける世界だ。小さな節減であっても積み上げれば巨額の収益力の差になって現れる。

それは小型のハッチバック型乗用車パッソを手掛けてからさらにひどくなった。パッソは普通車だが、軽自動車並みに値段が安いコンパクトカーで、「とにかく一円でも安くせよ」と毎月、原価管理という役員会で責められていた。

カネをかければいい車ができるが、利幅は下がる。それを塩梅し、解決するのが多田の役目だった。極端に言えば、毎日がカネの計算だ。

寝床に就くと、「あの部品とあの部品を組み合わせると、あの部品が外れて二十円安くなる」という夢を見、うなされていた。

今度は、スポーツカーを作ることになった、と興奮していたが、また落ち込むことがなければいいのだけれど、と浩美は思っていた。

憧憬が大きければ、それだけ傷つくことも多いのだ。

四　ネクタイはもう締めない

勢い込んでシャシー設計部に入ってきた長身の男を見て、主幹の佐々木良典《よしのり》は意外に思った。多田の溶けそうな笑顔がそこにあった。このところ、技本（彼らは技術本館を略してそう呼ぶ）で出会うたびに「つまらん、つまらん」と言っていた二つ年上の先輩である。

昼休みが終わってから間もなく、ざわつきを残していた。その中を頭半分、図抜けて大きい多田が近づいてきた。

多田はZに抜擢される前に三年間、ドイツ駐在を命じられたことがあり、その前任者が佐々木だった。同じスポーツカー狂いなので馬が合い、佐々木と顔を合わすたびに、

「想い入れを抱けない車を出すのは、本当につまらんなあ」

とぼやいていたのだった。ところが、今日は突然、走るようにやってきて、

「佐々木、佐々木！　実はさっき、いい話があったんだ」

と言った。

「河上常務がスポーツカーを作れと言うんだよ。いいだろ」

多田は妻に電話を入れて僥倖《ぎょうこう》を伝えたばかりだった。興奮はそれでもおさまらなかった。それで自分のチームのある十一階からエレベーターを待たずに、階段を駆け下り、六階の佐々木の部屋に押しかけてきたのだった。

「えっ、そんな面白い話があるんですか」

「そうだよ。これから俺はスポーツカーを作るんだ」

佐々木の父親は紫郎《しろう》といい、パブリカのシャシー設計を経て、三代目カローラやターセル、コルサを開発した有名な車両担当主査である。少し複雑だが、当時の車両担当主査は現在のチーフエンジニアのことだ。現在のトヨタの職制は、チーフエンジニア（部長職）、主査（次長職）、主幹（課長職）、主任（係長）となっている。

紫郎は初代レクサスを企画して、副社長にまで昇進した。息子の佐々木はそうした出自を全く口にしないうえに、偉ぶるところがないので、周りに人が集まる。多田の自慢話にもいやな顔ひとつ見せずに、「へぇ！　羨ましいなあ」と素直に声を上げた。

「多田さん、僕をチームに呼んでくださいよ」

佐々木の声を聞くと、すっかり満足したらしい。

「おう、そのうち呼んでやるからな」

多田は浮かれた様子で帰って行った。躍る心の中でも、助っ人集めは始まっていた。

――佐々木に手伝ってもらおう。こいつもスポーツカーが作りたくて、トヨタにいるんだ。

佐々木も親子二代のカーキチで、多田と同じように父親を助手席で見て育った。あれは実証運転のころだったのか、小学生のころ、紫郎が完成したばかりの車に乗って会社から帰ってきたことがある。

「おーい、面白い車を持ってきたぞ。一緒に乗りに行くか」

それが初代のカローラレビンだった。家の前で輝いていた。カローラのスポーツモデルで、TE27型と呼ばれる2ドアのクーペである。

夜の静寂が下りてくると、父は「よし、走りに行くか」と立ち上がった。つられるように車に乗って走り始めたとき、佐々木の中に喜びが走った。

――なんて格好いいんだろう。

父が加速を試し、コーナーを曲がる。そのたびに、シートに押しつけられて、「これが車なんだ。こんな軽快な走りの車を俺も乗り回すんだ」と思った。

そこから彼の車人生は始まっている。いつか、あのレビンを買うんだ、と夢想した。

レビンは「雷の光（Levin）」を意味している。社長だった豊田英二はその車名を「カローラ鷲」、その兄弟車を「スプリンター鷹」と漢字にして売り出そうとした。だが、紫郎は「内心、ウェッと閉口したので、『どうも商標登録が難しいようです』と屁理屈をつけ、レビンとトレノ（雷の音）という名前をひねり出して、それに変えてもらった」と証言している。社長もメンツをつぶされたのに柔軟に受け入れた。

だが、父の愛したレビンは、佐々木が早稲田大学理工学部機械工学科で学んでいるときに生産中止になってしまった。がっかりしたものの、一九八三年五月になると四代目のレビンが発売されたから、彼は頭金もないのに買いに走った。トヨタ入社から一ヵ月後のことだった。

その車は「ＡＥ86型」といって、「ハチロク」の愛称で親しまれた。この車がやがて、多田や佐々木たちのエンジニア人生に大きな意味を持ってくる。

興奮が去ると、二人は同じことを考えていた。

――突然、スポーツカーを作れとは一体、何があったのだろう。

その数日前、トヨタ本社で、技術、営業、企画担当の役員が出席する商品企画会議が開かれていた。議題は、商品企画部が提案した「スポーツカー復活プロジェクト」だった。

日本のスポーツカーは二〇〇〇年に強化された排出ガス規制を達成できず、トヨタのスープラを始め次々と生産中止に追い込まれていた。

トヨタが二〇〇二年にＦ１（フォーミュラ・ワン）に参戦したことを背景に、人気車種のレクサスを使って、二人乗りのスーパーカー・ＬＦＡ（Lexus Future Advance）を作ろうという計画も進んでいたが、これは生産台数五百台、一台三千七百五十万円もする富裕層向けの限定車だった。「トヨタはスポーツカーを復活させたか」と問われると、技術者たちは首を傾げるのである。

そもそも車作りは一台につき、何百億円も投資する一大プロジェクトで、大赤字になればチーフエンジニアや担当役員の首が飛ぶ。ＬＦＡですら、毎年開発が延期され、二〇〇五年の商品企画会議でようやく動き出していた。

本格的なスポーツカー作りを言い出すと、「カネをつぎ込むならＳＵＶ（Sport Utility Vehicle＝スポーツ用多目的車）やミニバンじゃないか。それだったらスポーツカーの五倍、いやもっと売れるな」という意見が役員から出て、たいてい「スポーツカーはいいんだけどねえ」と会議はお開きになった。

だが、この日はそうはならなかった。商品企画部が拍子抜けするほどあっさりと復活の方向が決まったのである。それにはいくつもの理由があった。

ひとつは、景気が二〇〇二年ごろから回復するにつれて、トヨタ社内でも「若者のクルマ離れをこのままにしておいていいのか」という声が強くなっていたからである。あれこれ手を打ってきたが、若者が車を買わないのだ。トヨタ車購入者の統計を取ると、購買層はどんどん高齢化していた。

二つ目は、当時副社長の豊田章男が「スポーツカーを復活させたい」という意向を持っていた。創業者一族の章男は次期社長が約束されている。「それを役員はみんな知っていましたからね」と会議の出席者は言う。

さらに、他社との共同開発を模索してはどうか、という意見があったのだが、その事情は後で述べる。

いずれにせよ、出席した役員たちの多くは本当にスポーツカーができるとは思っていなかったようだ。実現を確信していた者などひとりもいなかった。それは社会環境と、開発するチーフエンジニアの腕、それに役員会の風向き次第なのである。

その会議から一年半後、世界中がリーマンショックに襲われる。トヨタも四千六百億円を超える赤字に転落した。その時にこの会議が開かれていたら、復活プロジェクトなど論外であっただろう。


この商品企画会議の後、出席した幹部のひとりが技術担当首脳の部屋を訪れ、会議の報告をした。その幹部の記憶では、相手は「ミスター・ハイブリッド」と呼ばれる代表取締役副社長の内山田竹志《うちやまだたけし》だった。

ちなみに、内山田もまた親子二代にわたるトヨタの開発責任者で、父の亀男は主査として三代目のクラウンを手掛けた。内山田も世界初となる量産ハイブリッド車「プリウス」のチーフエンジニアを務め、大ヒットさせた。完成したプリウスを見て、亀男は小さく笑い、「俺の想像を超えた車を作りやがった」と、褒めてくれたという。

商品企画会議の報告の話に戻る。

「ご存知の通り、スポーツカー復活の方向でまとまりました。チーフエンジニアを任命していただけませんか」

会議に出席した幹部は内山田にそう告げて人選を求めた。すると、妙なやり取りになった。

「とにかくこんな車ができる奴は、だれでもいいってわけじゃない。多田っていう変な奴がいただろう。君は知っているか」

「はい、知っています」

「あいつにやらせてみるか。しばらく彼には言うなよ。何をするかわからないから」

そこから多田の直属の上司で常務の河上清峯に話が行き、「今日からスポーツカーをやれ」という特命が降りた。といっても、役員たちの間では、「どうなるかわからないし、看板の車じゃないんだから、あいつでいいんじゃねえか」という雰囲気だったという。

ここで話に出た「何をするかわからない」というのは、たぶん、多田が二年前に仕掛けたワンメークレースのことを指しているのであろう。

それは同じ車種で運転を競うレースのことで、車に差はないからカーマニアが趣味の延長として運転の技量を争うことができる。そのレースを、多田は二〇〇五年に発売したコンパクトトールワゴンのラクティスで試みようとした。宣伝と販売促進策の一環でもあった。

ラクティスは「Runner with activity & space」からの造語で、排気量一三〇〇ccと一五〇〇ccのファミリーカーなのだが、スポーツカーが大好きな多田はレース仕様車も作って、記者たちにこう説明した。

「トヨタ車として初めて、ハンドルにあるレバーでギアチェンジができるパドルシフトを採用しました。これはトヨタＦ１カーと全く同じパドルシフト付き七速で、サーキットでレースができるほどの俊敏さや躍動感を実現しています。だから、Ｆ１感覚も味わえますよ」

これだけならよかったのだが、ラクティスは販売後一ヵ月で目標の三倍の売り上げを記録して、多田は調子に乗っていた。レース仕様のラクティスを作り、「来年の二〇〇六年にはラクティスでワンメークレースの開催も検討中です」と記者たちに答えた。そのやり取りが日刊自動車新聞などに掲載された。

これを見ていた内山田らの間に「変な奴がいる」という評価が生まれたが、それとは対照的に、Ｆ１レースに関わる役員たちからは激しい批判を浴びた。

トヨタのＦ１カーは膨大な資金を投入しながら、一度も勝てないでいた。それでも「絶対にＦ１で勝つ」という大目標があり、毎年のように予算を増やしていた。簡単に言えば、「そんな時に、いらんことに金を使いやがって。ワンメークレースを開く金があったら、Ｆ１の予算を増やせ」というのである。

多田はワンメークレース開催の費用を出してもらおうと、営業と交渉をしていたが、役員らの怒りの前にたちまち企画は頓挫し、二〇〇六年には日刊自動車新聞に「見送り」という記事が出た。

「せいぜいＦ１のタイヤ一個が買えるぐらいの予算なのにねえ」

周囲の慰めがかえって悲しかった。「あのバカ野郎」と腹が立ってしかたなかった。

そのころに多田が悟ったのは、チーフエンジニアの仕事の九割は辛抱することだ、ということである。役員が思いつきで指示したり、土壇場でちゃぶ台返しをしたりするのも珍しくない。だが、そこで本気で怒ると物事は進まない。

不器用だったり、「使えない」と言われたりする社員たちとも仕事をした。だが、三菱自動車を辞めて、ベンチャー企業を作ったころの人材に比べると、トヨタのどの社員もとてつもなく優秀に見えた。

あのころは「求人広告を出せばいくらでも人材は雇える」と思っていたのだ。だが、知名度ゼロのベンチャー企業に人材は集まらなかった。名古屋大学の学生をアルバイトに雇ったが、明日納期という日でも「すいません。急にデートが入ったんで」と休んでしまう。無責任の極みだった。

そんな回り道をしているから、多田はだれとでも折り合って仕事ができるし、我慢ができる。チーフエンジニアは無理難題、よろず相談引き受けます、というのが仕事なのだ。

そして、多田は我慢した末に、ついにそのときがきたと思っていた。

——よし、この車だけは好き勝手に作るぞ。

ネクタイを締めなくなったのはそのときからだ。

第二章　「Z」の系譜

一　役員より偉い技術者

かつては、社長を恐れない技術者が存在した。

トヨタの発展期で言えば、一九五三年五月に四十歳で初代の技術部主査に就いた中村健也《けんや》であり、その四年後に主査になったライバルの長谷川龍雄である。

中村の時代にトヨタは社運を賭けた初の本格的乗用車「クラウン」を開発中で、技術部の中に主査室を発足させ、その開発責任者として中村を据えた。

丸坊主の偉丈夫である。背筋を伸ばし、いつもパリッとしたワイシャツに、ノーネクタイ、その上にボタンをひとつ外した菜っ葉服姿だ。愛知から東京に出張するときはプレスの効いた菜っ葉服で行った。

「不可能はない」

というのが口癖だった。彫りが深く、くっきりとした顔立ちでギョロリとした目で睨み、ことあるごとに技術部の幹部と喧嘩した。

「君たちはできそうもないと言うけれど、俺は作る」

と言い切り、反対を押し切って、前輪に悪路耐久実績のないコイルスプリング独立懸架方式を、後輪に三枚板ばね。観音開きドアなどを採用し、二年半で国産技術によるクラウンを完成させた。その後もコロナ、センチュリーなど、トヨタを代表する車を次々と誕生させている。

彼はいわゆるエリートではない。兵庫県西宮市に生まれ、長岡高等工業学校（現・新潟大学）を卒業して、横浜の「共立自動車製作所」という小さな会社で自動車部品を設計していた。四年が過ぎたころ、未完成の図面をめぐって、

「それを渡せ、見せろよ」

「いや、こんなものを渡すわけにはいかない」

と社長らと喧嘩して辞めてしまい、設立間もないトヨタ自動車工業に入社してきた。

その転職にしても大らかなもので、共立自動車を辞め、アパートも引き払ってから、『流線型』というトヨタのPR雑誌に掲載された記事を読んだのがきっかけである。そこに、トヨタ創業者・豊田喜一郎が書いた記事があり、こうあった。

〈単に日本人の手に依って出来たというだけではまだ国産車として徹底しません。日本の地理や日本人の趣味に適合し、現在の日本の運輸経済にピッタリ即した物こそ日本と不可分の自動車です〉

これは面白い人がいる、と中村は思った。トヨタという宛名で手紙を出したら、「すぐに会いたい」と速達が届いて、愛知に向かった。

「さもしい心のない男」と彼は評された。ただし、「一緒に仕事をしていても、何を言っているのかさっぱりわからなかった」という技術者も多かった。人のはるか先を行く先見性のためで、例えば、電気とのハイブリッドガスタービンエンジンを開発して走行テストをやらせ、後輩や役員を仰天させている。現在のハイブリッド車の先駆けである。

当然ながら役員に推された。だが、中村は、

「役員室に納まっているのは性に合わない」

と辞退している。

「あれはね、役員になってしまうと、好きなように車を作れなくなるからですよ」

中村に仕え、後に副社長に就いた和田明広の証言である。

処遇に困った会社は、彼のために「参与兼主査」という肩書を新設した。一九六四年のことである。

トヨタは一九八九年から、主査をチーフエンジニアと呼び、それまでの主査付を主査と呼ぶようになったが、製品の企画立案権しか持たない彼らがずっと別格扱いされるのは、中村のような役員よりずっと偉い主査がいたためである。彼自身はこんな言葉を残している。

「主査はお客の代行でもあり社長の代行でもある。お客の気に入るようにやって、社長にしかられるのはしかたがない。又、社長に気に入られるようにやってお客にしかられることもある。それで経理がいろんなことを言うこともそれは仕方がない。そういうことを含めてみんな

が少しまずいなあと言ったら、それはいい主査なんだなあ。みんながほめる主査はあまりよくないかもしれぬ」
「八十点の製品だからいいじゃないかと言われた時、いや九十点とれるはずだ、と頑張らない（ような）、聞き分けのいい主査では問題だ」（トヨタ技術会発行の『明日に向かって』より）
第五代社長となった豊田英二が「主査は製品の社長であり、社長は主査の助っ人である」と言ったのはこのころである。中村の存在を意識したのだ。そうして、中村はチーフエンジニアのはしりとなり、Zの源流と言われるようになった。

長谷川は中村の三つ年下で、初代クラウン開発に主査付として加わり、大衆車パブリカやカローラも設計した。我が強く、誇り高い技術者だった。

新聞記者が長谷川に「カローラは豊田英二社長が推進して作った名車ですね」と話しかけたら、

「いやカローラは大衆車の時代を見越して僕が作った」

と言い出した。

「本当ですか、あなたの言葉の通りに書きますよ」と記者が突っ込むと、「ほら」とそれを裏づける極秘資料を持ち出して、打ち明け話をした。

「英二社長は最初、『これは良すぎていまはダメだ』とあまり乗り気ではなかったんだ。それで『販売の神様』と呼ばれたトヨタ自動車販売の神谷正太郎社長に談判して、後押ししてもらった」

トヨタ自工と自販は後に合併するのだが、別の組織ではある。その実力者の圧力を活用して自らの開発を押し通した。いまなら長谷川の行為は処分ものだ。しかし、彼はその行為を、後に社内で明らかにしたうえで、

「主査たるものは全知全能を傾注しなければならない。テクノロジーだけでは駄目で、戦略、作戦、説得という全能を使わなければ物事は成就しない」

と胸を張った。

長谷川はもともと、東京帝国大学工学部航空学科を卒業した航空機開発者だ。立川飛行機（現・立飛ホールディングス）で米軍の爆撃機B29を高高度で待ち伏せ迎撃する「キ－94」を設計したが、敗戦で飛行機が作れなくなり、進駐軍で半年アルバイトをした後、飛行機に一番近い自動車会社に入った。

喜一郎がそこにいて、

「長谷川君は飛行機屋だったね。空飛ぶ自動車を開発してくれないか。ジュラルミンを買って試作工場に置いてあるからそれを使いなさい」

と告げられる。いまドローン技術を駆使した空飛ぶ車の開発が進んでいるが、戦後間もないところに、もう夢のようなことを真剣に考えた男がいたのである。

だが長谷川は、社長は気が狂ったのではないか、と疑った。そして、「満足な乗用車もできないのに、空飛ぶ自動車ができる理由《わけ》がない」と思ってあっさり断り、夢見る社長に冷水を浴びせた。

一九五〇年のトヨタ労働争議のさなかにも社長指示を断っている。長引いた争議がようやく終わりに近づいたころ、喜一郎の自宅に呼ばれ、

「月産五百台の乗用車工場の計画を立てなさい」

と求められたのだ。

トヨタは資金がなく、まともに社員の給料も払えなかった。喜一郎はこの危機を打開するには首切りしかないと考える一方で、「乗用車量産の時代が来る」と読んで布石を打ちたかったのだろう。だが、長谷川は即座に言った。

「申し訳ありませんが、ただいま、赤旗を立てている身です。私はもともと設計屋で、工場を建てる専門家ではありません」

頭を下げて断ると、社長は横を向いて窓の方を眺め、しばらくじっと考えていた。間もなく喜一郎は社長を辞任し、トヨタ労働争議は収束する。

長谷川は中村に似て、人情や出世欲に動かされない主査だった。それでも専務から技術職の最高位である技監に昇りつめている。

前掲のように、トヨタの主査制度は、初代クラウンの製品開発体制として制度化され、それ以降、すべての車で踏襲されてきた。後に製品企画室主査を務めた安達瑛二《えいじ》によると、文書規定はなく、朝令暮改も許された柔軟な制度だった。彼は『ドキュメント　トヨタの製品開発』（白桃書房）に次のように書いている。

〈組織も、主査室（主査四〜六人、一九五〇〜一九六〇年代）、製品企画室（主査十〜二十人、一九七〇〜一九八〇年代）、開発センター（チーフエンジニア、一九九〇年代〜）と、変遷している〉

トヨタと同業他社との差は、「主査制度が有ったか無かったかの違いが大きかった」と長谷川は断言している。

それをまねしようとした会社はいっぱいあったのだ。だが、結局どこもうまくいかなかった。原因はやはり各社の文化や人事制度とぶつかるためらしい。

このシステムの特徴は、Zチームがただ図面を引くだけでなく、トータルプランを立てて、生産した車をいかに市場に出し、どう利益を得るかまで指揮することにある。

それは開発から生産、宣伝、販売に至るまで、他の部署のリーダーシップを侵すことにつながる。そのため、導入を試みた他社ではしばしばトラブルを引き起こす。「なぜ、人事権もないチーフエンジニアに指示されなきゃいけないんだ」というわけだ。

「トヨタでうまくいってきたのは、入社した時から『車作りでもめたら、最終的にチーフエンジニアの言うことを聞け』と言われて育つからですよ」と前述した元副社長の和田は言う。

「トヨタ中興の祖と言われる豊田英二さんの『主査は製品の社長だ』という言葉が受け継がれているから、人事権を持たない主査たちが社内で一目置かれてきた。エンジンやデザインの部署はこれがいいと思ったけれど、チーフエンジニアがいやだと言うならどうにもならない。失敗もあるが、トヨタの一番の特徴だから、それでいいんです」

二　できるわけがない

多田は、初代の中村から四十八年後に、チーフエンジニアの系譜に連なった。

そのころには車はハイテク化し、車種は増えて仕事は細分化されていた。そのためにチーフエンジニアも増え、口の悪いＯＢには「粗製乱造」と揶揄されるほどの数がいたが、二〇一九年時点では計二十一人に落ち着いている。

「製品の社長」と言われたほどの立場なので、チーフエンジニアはみんなプライドが高く、尊敬を集めていた。その一方で他の部門にも厳しいためにいつも批判とやっかみの声に包まれている。

だから、「多田はかわいそうになあ」という不思議な陰口が耳に入っても、最初はそれほど気にかけなかった。

スポーツカーの特命が降りたという噂は技本を駆け回り、彼はあちこちで声をかけられた。

「多田さん、変な仕事になったらしいですね、どうするんですか」

「せっかくZという花形で仕事をやってたのにねえ。お気の毒さま」

その言葉の冷ややかさに、どうもおかしいと思い始め、やがて浮かれてはいられなくなった。

しばらくして、ある役員の部屋に呼ばれた。スポーツカー作りを指示した河上より上位の幹部である。役員の言葉は意外なものだった。

「スポーツカーを急にやれと言われて大変らしいな。お前、本当はいやなんじゃないか」

「いえいえ、そんなことはありませんよ」

多田がそう答えると、彼は続けた。

「しかし、いやでも断りにくいよなあ。俺から断ってやろうか」

彼は多田が左遷されたと思っているのだ。これにはわけがある。

多田は特命を受けた翌月から「ZL」チームを離れ、新設された車両企画部スポーツグループに異動していた。Zの組織全体を見渡しても、スポーツカーを作る部門やグループはなく、組織からはみ出している。そのためとりあえず、どこにも所属しないグループを作ってそこにいろ、と指示されたのである。

職制で言えば、チーフエンジニアではなくなったのだ。肩書は、数人のグループのリーダーを意味する「グループマネージャー（ＧＭ）」に変わっている。

以前と同じ部長職なのだが、それが「チーフエンジニアだったのに、ＧＭに降格されてかわいそうに」という声につながっていた。

車にも流行《はや》りすたれがある。トヨタでは、高級車の代名詞だったクラウンやカローラのような看板商品を担当すると、「技術役員の最短コース」と言われてきたが、そのクラウンでさえ、現行モデルで生産中止となると報じられた時期があった。当時の花形商品はミニバン、いまならＳＵＶで、そうした傾向と仕事を先取りして担当に就くことが出世につながると思われていた。

それもあって、もっとはっきりと、

「いまどき、スポーツカーができるわけがない。気まぐれな役員会の決定で、多田もおしまいだ」

と言う同僚もいたのである。だが、肩書に固執する気持ちは多田にはなかった。こっそり呼んでくれた役員に、

「お気遣いをいただき、ありがとうございます。でも私は結構嬉しいんです」

と答えると、彼は目を丸くした。

「お前、変わってんなあ」

多田は少し温かな気持ちに包まれて、役員室を出た。多田の技術者生命を棒に振らせるわけにはいかない、Zに戻してやろうと言ってくれたのだ。ありがたいなあ、と思いながら、多田はスポーツカー担当を取り巻く重い空気を噛み締めた。


多田も出世したくないわけではない。「あいつには負けたくない」と思うときもあれば、新聞や週刊誌に取り上げられたりして、一部の上司の期待を感じるときもあったのだが、同僚への対抗心は長くは続かず、地位への執着はもっと薄かった。

多田がベンチャー企業をたたんで、トヨタに嘱託入社したことはすでに触れた。折につけ、「途中入社組だから」と言われ、悔しい思いもしている。見習い期間を経て、一年後に正社員に登用されたとき、人事担当者に「君の評価は、同じ年次の一番成績の低い人に合わせたところから始まる」と告げられた。

だが、出世レースから外れていると、やりたいことに没頭できるのだ。

最初に配属された電子技術部や次の東富士研究所で、彼はアンチロック・ブレーキシステム（ＡＢＳ）の開発に携わっていた。ＡＢＳは急ブレーキをかけてタイヤがロックしても、自動的にブレーキを解除したり作動させたりして横滑りを防ぎ、ハンドル操作を回復させる装置だ。

当時、ＡＢＳはスポーツ走行には向かないと言われていた。装備すればロックはしなくなって安全に走れるが、技を駆使して速く走る車には向いていない、というのである。だから、ラリーやレースのドライバーはそうした装置がついた車に乗ると、レースの前にそのヒューズを抜くというのが最初の儀式だった。

「コンピューターが余計なことをしたら、おかしくなる」

と言う者もいた。だが、多田はそうは考えない。

――それならプロが走ったってうまく動く装置を作ればいいじゃないか。きっと、スポーツカーにも付けられる。

多田が企画書を書いて上司に持っていくと、

「うーん、よくわからないけど、まあ好きにやれば」

と言われた。トヨタは堅い会社のイメージが強いが、どんなことでも説明できればやらせてくれた。多田はトヨタのドライバーたちと各地のサーキットを回りながら開発データを取り続ける。そして一九九二年にとうとう「スポーツＡＢＳ」と名付けた製品を完成させ、スポーツカーのＭＲ２に第一号を搭載した。

一九九三年にドイツ駐在を命じられると、現地に拠点を置いていたトヨタのラリーチームのところに行き、「スポーツＡＢＳを装備してはどうですか」と売り込みに行った。彼らは世界ラリー選手権に挑戦していた。それは途中で破談になったが、それ以降、「ＡＢＳなど不要だ」というプロドライバーはいなくなった。

神格化された中村に比べると、多田は傍流の技術者に過ぎない。だが、途中入社だったことを含めて、いくつもの共通点が二人にはある。それを並べると、技術者に不可欠なものが見えてくる。

腕ひとつで這い上がったこと、はっきりとモノを言い、自説を押し通すこと、あくせくもがくが、出世のために仕事をしないこと、ルール破りであること、それに運転が大好きだったことである。

中村は、全面開通したばかりの東名高速道路を大型車センチュリーで時速百三十キロから百四十キロを保って走り、百キロしか出したことのない同乗者の度肝を抜いた。

「中村さんは前の車を必ず追い抜いた」とはトヨタ専務だった天野益夫の証言である。

一方の多田はスポーツＡＢＳ開発でサーキットを回っていたころ、本格的にプロのテクニックを学び、トヨタで最高の「Ｓ２」運転資格を得ている。全社でも数人、チーフエンジニアはだれも持っていなかった社内ライセンスである。

その多田をじっと見ていたチーフエンジニアがいた。

名大工学部で自動車部に所属していた先輩の都築《つづき》功である。入社二年目の駆動設計課時代に、マニュアルトランスミッション（手動変速機）の新機構で特許を取ったという逸材で、すでに四代目の本格スポーツカー・スープラを開発していた。

　多田はまだ第二車両技術部にいた。その彼が東富士研究所で繰り広げた実験を見て、都築は目を見張った。多田はこう主張していた。

「素人ドライバーは『危ない』と感じても、とっさに急ブレーキを踏めません。ガンと踏んだつもりでも実は間延びして踏んでいます。だからブレーキをアシストする装置が必要です」

　その持論を実証するため、多田は研究所の近隣から数十人の素人ドライバーを募ってコースに集めた。ドライバーたちは実験車をコースで運転させ、ブレーキテストをさせるものだと信じ込んでいる。ところが、多田たちはコースに出る構内道路で待ち伏せ、実験車の前方に空の段ボールを投げつけた。

　運転中に不意打ちされた彼らは仰天して、大声を上げる。だが、後で計測してみると、やはり急ブレーキ一発で停車させたドライバーは少なかった。それをもとに、多田たちはブレーキアシストの新技術を開発した。

　それを知った都築が多田の上司のところにやってきた。

「面白いじゃないですか。こんなことを考えられる奴がうちに欲しいんですよ」

　引き抜きだった。そして、都築は多田に告げた。

「こんなことだけをやっていていいのか。一部のシステムだけをやるんじゃなくて、車全体をやった方がいい。お前はそれに向いている。俺のところに来いよ」

そのとき、引き抜きを受けた上司が河上だ。九年後に多田にスポーツカー作りを指示する常務である。

河上は一言、多田に「行くのか」と聞いた。

「ありがたいので行きます」

それでZの門が開いた。ところが、今度はその河上から特命を帯びてチーフエンジニアの肩書を失い、Zから出ていくのだ。

三　ボスひとり、部下ひとり

シャシー設計部には、「ハチロクおたく」と呼ばれる主任がいた。

一九九七年入社で三十二歳の今井孝範のことである。ぽっちゃりとした顔立ちに眼鏡をかけ、その奥の眼が気難しい光を帯びている。まだ独り身だった。

近寄ってきた男が、

「あれ、聞いた？」

と声をかけた。今井が顔を上げると、そこにスポーツカー作りを命じられてから約二ヵ月の多田が立っていた。今井はZチームにいたことはないが、多田が二代目ウィッシュのチーフエンジニアだったころに、ウィッシュのサスペンション設計をしたので顔見知りである。

「あっ、よろしくお願いします」

息を吸って、僕は何をやるんですか、と言おうとしたときには、多田は「よろしくね」と軽い声を残して、くるりと背中を向けていた。通りすがりに声をかけたのだ。

今井はその直前に上司から呼ばれ、異動を告げられていた。

「多田さんがスポーツカーをやるらしくてね。君、四月一日からそこに行ってもらうから」

「は？」

「異動だよ」

「えっ」。びっくりして二度も聞き直した。

――なんだそりゃ、異動希望なんて出していないぞ。

毎日は結構楽しかったのである。今井は素朴な疑問を抱いた。

――なんで僕が指名されたんだろう？

今井は中古のハチロクにしか乗らないエンジニアとして社内で知られていた。スポーツカー開発、それも新しいハチロクを生み出したいという夢を抱いていた。

ハチロクは一九八三年に発売されたカローラレビンと、車台や内外装部品を共用する姉妹車のスプリンタートレノのことで、トヨタの型式番号がＡＥ86だったことから、「ハチロク」の愛称で呼ばれた。

四年後には生産を終了したのだが、一九九五年になって『週刊ヤングマガジン』のコミック『頭文字D《イニシャルD》』の大ヒットをきっかけに、中古市場でハチロクブームが起きた。

主人公は、群馬の峠道でスプリンタートレノを操る藤原豆腐店の息子である。峠を下って豆腐を運ぶ彼は、ドリフト走行（頭文字Dはここからきている）に没入し、疾走する喜びに目覚め成長していく。その無垢《むく》な姿とスポーツカーをめぐる青春群像が、車に見向きもしなかった学生や若い女性まで惹きつけた。コミックは累計五千六百万部を売り上げ、テレビアニメや劇場版、家庭用ゲーム、イベントの波を巻き起こしている。

ハチロクの中古車市場価格も高騰した。今井も心をつかまれた若者のひとりだ。彼は大学四年生のころにレビンを買い、トヨタ入社以後も新車を買うことなく、中古のＡＥ86を計四台も乗り継いでいる。オートサロンに、『頭文字Ｄ』の主人公が乗ったハチロクが再現されたりすると、その展示車の前にいつも並んだ。

多田は愛媛県新居浜市の出身だが、今井はその隣の西条市で生まれ、Ｆ１レースをテレビで見て育っている。中嶋悟が一九八七年にデビューし、日本人初のＦ１フルタイムドライバーとなったころ、彼は中学生だった。愛媛ではＦ１のテレビ中継は見ることができないので、岡山から何とか届くテレビ電波をＵＨＦアンテナで拾って、砂嵐のようなテレビ画面を見つめていた。

そこから大阪大学工学部に進み、自動車部で車をいじって、トヨタにたどり着いている。ただ、スポーツカーが好きというだけではない。ハチロク以外には乗る気がしないというのだ。そんな男なら、ラリー狂の多田にはぴったりの第一号の部下だ、と思われたらしい。

こうして桜が咲くころに最小のチームができた。今井の肩書は「車両企画部スポーツグループ」所属の主任である。Zチームの十一階ではなく、六階の車両企画部の一角に、グループマネージャーの多田と、十八歳年下の係長が二つ机を並べていた。

多田は常務の河上からこう聞かされていた。

「エンジンがわかる者とか、シャシーがわかる奴、ボディの設計ができる者、いろんな分野から五人ほどのスポーツカー担当をお前につけてやる。それで考えるように」

Zの車作りはそれに加えて、サスペンションに詳しい者やテスト部隊のマネジメント担当、車全体のカネと日程を管理する者が揃えば万全だ。特に最後の「原価・質量・日程企画」が大事で、チーフエンジニアが最も心を配るところである。なお、質量というのは、重量のことである。車の出来を左右する重量のことを、トヨタではなぜか質量と呼んでいる。

多田は、河上の「増援する」という言葉を頼みにしていた。後輩でシャシー設計部の佐々木良典に「そのうちに呼んでやるよ」と多田が声をかけたのも、その五人程度のチームのひとりとして勘定していたのだ。

だが、どこの部署も人材供出を渋った。果たしてどうなるかもわからないようなところに人は出せない、と言うのだ。

それで結局、異動してきたのは今井だけになった。それも、特命を伝えた河上がシャシー部門を担当していたからで、役員権限を使ってシャシー設計部では若手の今井を無理やり送り出してくれたらしい。それも今井の選ばれた理由なのである。

――もしかしたら、河上さんはあの会議のことを覚えていてくれたのだろうか。だから僕なのかな。

今井は、彼のいたシャシー設計部と車両企画部で会議を開いた二年ほど前のことを思い浮かべていた。

車両企画部は独自のリサーチをもとに、次に売れそうな車の構想を描く役割を担っている。新車作り自体はZチームが構想書を書くことから動き出すが、その種は、チーフエンジニアの発案ということもあれば、「今度の日産の新車に対抗するものを作ったらどうか」と役員会から下りてくることもあり、全体のラインナップを考える部署から企画が回ってくることもある。

そのうえ、新たなコンセプトの車を次々に投入しないとユーザーから飽きられるので、車両企画部が社内のあちこちに話を聞いたうえで、「次はこんなものが流行りそうだ」と提案し、役員や社内に流行の風のようなものを醸成している。

その意見交換の場だった。車両企画部が主役で、彼らにシャシー設計部がアイデアや意見を述べるという体裁である。その席で、今井は真正面から質問をした。

「なんでスポーツカーの企画を立ててくれないんですか」

トヨタがスポーツカーから撤退したままなのはおかしい、と今井はずっと考えていた。

「ポルテとかシエンタとか、似たようなミニバンやら家族向けの車ばかりを企画していますよね。うちはMR－Sが最後ですが、スポーツカーは作らないんですか」

「………」

白けた空気がその場を覆った。なにをいまさら、という雰囲気である。

今井のいるシャシー設計部は車作りを立案する立場にない。企画部門から降りてきた計画に沿って、ただ車を設計するのが仕事だ。だが、彼は「わがトヨタは多くの車種を持てる会社なのに、何でもっと幅を広げないんだろう」という疑問を抱いている。その不満が厳しい質問をさせるのだ。

間があって、車両企画部の席から、「もうそういう時代じゃないんです」という答えが返ってきた。

「いま、若い人が一番欲しい車は何だと思いますか。アンケートを取ると、それはミニバンのウィッシュなんですよ」

今井はがっかりして、「なにを言ってんだよ」と心の中でつぶやいた。違和感のような、もややしたものが胸に広がっている。

――車に興味のない人も含めて、同じアンケートを取ったら、それは家族向けの車だと答えるマス（多数派）が勝つだろう。だが、思いの強さとか車の価値をどれだけわかっているかということを加味したら、スポーツカー好きの人たちも大事じゃないか。『頭文字D』のブームを見ても、潜在的な需要はあるはずだ。そうやってマーケットインだけでやるのではなく、新しく市場を作ることを考えなければいけないんじゃないか。

マーケットイン（market in）とは、市場や顧客の声を重視して商品企画や開発に取り組むことである。トヨタでも、「とにかくお客さんの言うことを聞け」と言われてきた。「お客さんの話を素直に受け入れたから今がある」。それはトヨタマンの常識だ。

だが、「市場の声」というものは当てにはならない、という技術幹部もいたのである。その筆頭が前述の副社長・和田明広である。彼は役員時代に十ヵ条の「チーフエンジニアの心掛け」を作った。

社内には「トヨタスタンダード」と呼ばれる数千ページに及ぶ極秘の設計マニュアルがある。トヨタの設計士が図面を描くときに守らなければならないルールだが、Zにはマニュアルなど存在しなかった。和田はせめて心構えや勘どころをチーフエンジニアたちに残そうとした。その心掛け十ヵ条の第五は次のようなものだ。

〈市場調査ほど、信頼できないデータはない。過去の事実は素直に評価すべきだが、将来の動

向には十分な検討が必要。売れないと言われて売れた車、逆の車も多い〉

和田は一九五六年に名古屋大学工学部を卒業し、一九七六年から約十年間、主査を務めている。Ｚの源流である中村健也から教えを受けたひとりでもある。セリカやカリーナ、スープラを設計し、技術トップの役員としても十三年間、すべての主査を統括したヌシのような存在である。車に標準装備されているカーナビゲーションシステムは、彼がトヨタ車に搭載させて大儲けさせ、普及させせた代物だ。

和田と同じような言葉を、ソニーの元副社長で、ウォークマンを開発した大曽根幸三も後輩エンジニアたちに残している。彼の部下がまとめた「ある副社長の語録」にはこんな言葉が並んでいる。

〈信じるな店の声、お客はみんな評論家〉

〈ちょっと待て、予測データより自分のカン〉

〈市場は調査するものではなく、創造するもの。そのためにはまず物をデッチ上げろ〉

要するに、市場調査や他社の動きを気にしすぎるのは負けの始まり、それよりも自分の頭で考えろという、現場の教訓である。

和田はチーフエンジニアの大親分だった。時代劇スターだった市川右太衛門にちょっと似た、造作の大きな目鼻立ちをし、声太く短気である。パワハラという言葉がなかった時代の話だが、部下が苦心した設計図に赤鉛筆で大きな×を描き、大部屋に響き渡る声で、

「こんなものだめだあ！」

と投げ捨てることがたびたびあった。

Ｚは新車一車につき何百枚という設計図や提案書類の承認欄に、最終サインを与える要にある。和田はヒットメーカーで喧嘩も強そうだったから、だれも反抗できなかった。営業の役員にも「こんないい車をなぜ高く売らないんだ」と怒鳴るので、幹部たちにも恐れられていた。

和田が技術、品質保証、商品企画の三部門を統括する代表取締役副社長から相談役に引いたのは一九九九年のことである。彼のように卓越した技術者が現場から去ると、トヨタの技術部門は個人技よりも集団による開発に頼るようになっていった、と言われている。

それでもトヨタは北米やアジア市場を舞台に、さらに成長を続けてきたのだが、拡大の陰で置き去りにされた車好きがいるのではないか、と今井は思っていた。

四　浮いたエンジニアの悲鳴

車の開発は、Ｚのチームを中心に数百人が加わって何年もかけ、数百億円から、スポーツカーに至っては（スープラがそうだったように）一千億円も投資する大事業だ。工場の生産ラインやボディのプレス型を作り、時には新型エンジンを開発しなければならない。そのため、プロジェクトの節目で進行状況をチェックする会議や役員会が頻繁に開かれる。

コロナ禍以前のトヨタは、会議のたびに世界中から役員を集めていたから、その数も多く、主だったものを挙げても、複数回の商品企画会議に始まり、開発目標確認会議、製品企画会議（これも開発を決定する会議と生産準備開始を決める会議がある）、原価企画会議、アイデア選択会、デザイン審査、社長臨席の商品化決定会議、号試移行確認会議……と、恐ろしいほどの関門がある。

そして初めて生産が開始される。元商品企画部幹部が言う。

「こんな車を作れば月産何万台が売れて、これだけ会社が儲かる。投資に見合ったリターンが必ずある、ということを役員会で証明し、最後に社長の了承を得なければなりませんからね」

会議が多ければ売れる車になるかと言えば、そうとばかりは言えない。「船頭多くして船山に上る」の例え通りに、斬新なデザインは角をそがれ、どうしても万人受けする車に落ち着く傾向にある。だから、Ｚのヌシだった和田のように、

〈常に大勢集めての会議を控える。会議中に仕事は停まっていると思うべき〉（「チーフエンジニアの心掛け」その八）

と唱える役員もいた。和田のような人物がいると一時的に会議は減る。

ところが、しばらくすると、幹部から「俺はその件、聞いてなかったぞ」とか、「一体どう

やって進めているんだ」という声が起き、結局、名前を変えて同じような会議が復活するのである。

三月下旬、はるか彼方の重要会議を目指して、技術本館会議室に四人の技術者が集まっていた。

出席者はエンジン担当者たちが二人、車両企画部スポーツグループマネージャーとなった多田、それに翌月から正式な部下となる今井。小さな集まりだが、今井にとっては初の会議である。

議題はただひとつ、どんなエンジンを使って、どんなスポーツカーを作るのかということだった。そのためにまずはエンジンの専門家を呼んで意見を聞こうとしていた。

多田は今井を含めた三人の意見を聞く方に回った。この二ヵ月間に彼はすっかり健康を取り戻して血色もいい。朝食も食べて出社するようになっている。以前は何とか腹に入れても、歯磨きをしているときに洗面所で吐いてしまうことがあった。

頼りない希望であっても、それは人間に意欲と食欲をもたらすのだ。妻の浩美はそれをよく承知していて、毎朝、食卓に味噌汁や卵料理、鯵《あじ》の開きといった定番に加え、煮物のような一品を付けたりしていた。そのために彼は一時、十キロも太って、慌ててダイエットをすることになった。

「スポーツカーのエンジニアは、痩せたソクラテスであれ」というのが、彼の小さなポリシーである。

さて、小会議である。選択肢は無数にあった。

「うちが得意のハイブリッド車はどうですか」

「やっぱり、FRの車を作れませんかね」

「いや、四駆を使って、コンパクトな面白い車作れないかな」

「他社のエンジンを使ったスポーツカーという手もありますね」

「でも面白さで言うと、FRしかないよね」

車好きのエンジン技術者らがスポーツカーの夢を語るのだから、話は専門的でどこまでも広がっていく。すると、一番年下の今井が決めつけるような言い方をした。

「欲しいのはやっぱりコンパクトなFRでしょう。だったら、ハチロク復活に決まってますよ」

無邪気に見えるが、眼鏡の奥の目は笑っていない。彼の率直で飾らない物言いに多田は驚いて、「おいおい」とたしなめた。エンジンの担当者たちは笑って、今井の言葉を聞き流そうとした。特定の車について語り始めると、話が続かなくなる。

「まあ、今井が言うならハチロクだろうけどな」

今井がそのハチロクしか乗らないことは技本では有名だった。独身の今井は周囲から少し浮いて、出世を急がないところがある。だが、当人は自分が変わっているとは思っていなかった。技術部の若手には自分のような人間がいっぱいいて、俺はみんなを代弁しているだけだと考えている。

確かに、その場を仕切る多田も「スポーツカーはやはりＦＲ車でなくてはいけない」と思っていた。

ＦＲとは、フロントエンジン・リアドライブの略で、要は後輪駆動車である。車のフロント部に載せたエンジンの動力を、プロペラシャフトを介して後輪に伝えている。中心部に重心を置き、後輪で駆動し前輪で舵を切るので、カーマニアはたいてい「素直なステアリング感覚が得られる」と言う。「ＦＲ車はスポーツカーの代名詞なんですよ」とは多田の弁である。

「ここはこだわりの世界なので、言葉でうまく説明できないんだけど、乗り味がいいんです。後輪駆動だとドリフトがしやすいし、走りの性能に加えて、味わいがあるんだね。リア（後輪）を滑らす感覚というのはとても面白いんです。

僕も昔、やっていたラリーはやはりＦＲ車で、三菱ランサーとか、ハチロクでしたね。速さでは四駆にかなわないが、人馬一体、車をコントロールしているという感じがすごくある。俺がこの車をうまく走らせてるんだ、という感覚が伝わってくる。だから、いまだにサーキットでもハチロクのような古い車で走りに来る人がいるんですよ」

その日の小会議は、結論や参加者の合意を得るのが目的ではなく、多田の考えを少しずつまとめるためのものである。だからアイデアや知識を披露するだけでも、言いっぱなしでも構わなかったのだが、今井だけは「やっぱりハチロクに決まってる」としつこく繰り返して言った。彼はその言葉を告げるために、その場にいるのだと信じていた。

——多田さんも同じことを考えているんだ、きっとな。

今井はむしろ、多田が自分を使って「ハチロク復活」と言わせているのだと考えていた。確かにそれは、多田の心の中にあった車の名だったのである。

四月に入って、多田たちは商品企画部の面々と、半日を費やす会議を開いた。今度は営業面や市場の動向について意見を聞くためである。

今井は事前に「自分が開発したい車のパッケージ図を描いて持ってきてくれ」と言われていた。パッケージ図は、車のどこにエンジンや乗員を配置するかを描いた構想図で、車の開発はここから始まるのだが、今井が持参したのは、FR車で四人乗り、どう見てもハチロクのシルエットだった。トヨタの車、特にファミリーカーは人気車種のヴィッツがそうだったように、丸まってボンネットの背が高い車が増えていたが、その逆を行く、極端に背の低い軽量スポーツカーである。

——まんまハチロクだな。

今井は説明を加えながら、心の中でそうつぶやいていた。

といっても、かつてのハチロクを復元するわけではなく、ハチロクのような、ちょっと無理をすればだれにも買えて、部品を取っ替え引っ替えすることができるスポーツカーである。

彼の頑固さはしばしばボスの多田をうんざりさせながら、やがて増員されるスポーツグループの鼻面を強く引き回していく。

ただ、営業や海外のディーラーには、「スープラを復活させてくれ」という声が強かった。スープラは馬力のある上級スポーツカーだ。北米で人気のあった日産フェアレディZに対抗し、一九七八年から計四代にわたって作られたが、二〇〇二年に生産を終了している。その復活を求める声が強いということは、海外のスポーツカーマーケットには需要があるということである。

その一方で、多田は安いスポーツカーを、それもかつての「ヨタハチ」と2000GTのいいところを取り入れて作りたいと思っていた。

ヨタハチはトヨタ・スポーツ800の愛称で、一九六五年から四年間製造された小型のスポーツカーである。一足先に発売されたホンダS500のライバル車で、燃費もいい先進的な車だったから、一九六七年から販売されたトヨタ2000GTとともに幻の名車と評価されている。

だが、ヨタハチは実験的な車で約三千台しか生産されなかった。2000GTは映画『00

7は二度死ぬ』の劇中車に使われ、マニア垂涎の「ボンドカー」だったが、こちらは高価すぎて庶民には高嶺の花だった。

こんな車を思い浮かべるのは、他社のエンジニアや辛辣《しんらつ》なカージャーナリストたちから「トヨタの車はワクワクしない」と言われ続けてきたからである。

「いやあ、トヨタさんの車はそつなくできていて、たくさん売れていいですね。でも何かつまんないですよ。どうせ役員会の多数決で車が決まるんでしょう」

それはまだ我慢できるのだが、こたえるのはライバル他社のエンジニアの言葉だ。これは少し後のことだが、他社のスポーツカー担当と飲んだ時に、「なかなかスポーツカーは盛り上がらないね」という話題になった。

思わず多田は本音をぽろっと漏らしてしまった。

「車好きはみんな、日産のシルビアとか昔のハチロクのような軽快で安い車が欲しいと言ってるね。高くてバカみたいに速いスポーツカーじゃなくてさ」

「そんなこと俺たちだってわかってるさ」

「そうだよ」

という声が一斉に上がった。

「俺たちも手ごろなスポーツカーのアイデアを出した。それがことごとく撃沈するんだ」

彼らの嘆きはこうだ。

スポーツカー担当者が役員会で説明に立つ。だが、スポーツカーを分かっている役員はどこの社も少ない。聞かれるのは「ライバルはどこだ。ライバルよりどれだけ速いんだ」ということである。そこで、サーキットのラップタイムや加速タイムなどを挙げて、うちの車はライバルより何秒速い、とわかりやすく答えて、開発を始めたいと懇願する。ところが、そんなときに限って、ライバル車がモデルチェンジしてより速くなっているのだ。

それを見た役員が激怒する。

「お前の開発案はどうなってるんだ。ライバルに負けてるじゃないか」

「いや、負けないように作ります」

そのために、さらに大きなエンジンを搭載すべく規格を変えたりして、どんどんモンスター化する。そして、バカ高い車になっていって、売れない——というのである。

「本当は君の言うような車が作りたいんだ。だけどできない。トヨタになんか絶対できないよ、そんな車。トヨタはできない代表みたいな会社じゃないか」

スポーツカーエンジニアは多くのメーカーで浮き上がった存在に見られている。飲んだときに出る彼らの言葉は悲鳴のように、多田の耳にいつまでも響いて残った。

第三章　異端と異能がぶつかるとき

一　スバル町の人々

トヨタ自動車の第九代社長に就いた張《ちょう》富士夫は、東京大学法学部を卒業して一九六〇年に入社している。本社のある愛知県豊田市を初めて訪れたとき、彼は駅頭に立って、その寂しさに嘆息を漏らした。そこにあったのは閑散として歓楽の欠片《かけら》もない、本社へと続く企業城下町である。

それは、トヨタグループの憲章である豊田綱領の一節――〈華美を戒め　質実剛健たるべし〉に重なる街並みだった。

いまこの地で利用客が多いのは、名古屋鉄道の豊田市駅だが、トヨタ本社に近いのは愛知環状鉄道線の三河豊田駅である。

朝の通勤時に小さな駅舎を出ると、客待ちのタクシーは見当たらず、一方向に歩を進めるトヨタ社員たちの列が続いている。高架下のトヨタ自前のトンネルをくぐれば、そこは豊田市トヨタ町一番地だ。目の前に背の低い工場が広がり、そこを抜けて国道二四八号線を越えると技本がある。八十年前は桑畑と広大な原野だった。

人口四十二万人の豊田市は、もともと挙母《ころも》市といったのだが、企業と一蓮托生《いちれんたくしょう》の道を選んだ市当局と議会は、トヨタの名前を冠して市の名前とし、さらに本社所在地として、「トヨタ町一番地」という象徴的な番地を提供した。張が入社する前年のことである。

大工場のあるところに企業城下町はある。群馬県太田市のように、富士重工業（現・スバル）群馬製作所本工場の敷地を「スバル町」に改称した例や、大阪府池田市のようにダイハツ工業の本社移転を機に、本社や工場地区を「ダイハツ町」へ変えたところはあるが、自治体の名前をそのまま企業名に変えてしまったところは、豊田市以外にはない。

これらの企業城下町のなかでも、スバル町のある太田市だけに存在する奇妙な光景がある。富士重工の存在が大きいのだろうが、人口二十二万人の街とは思えない、おびただしいネオンサインと歓楽街である。けばけばしい看板のキャバクラ、スナック、風俗店が太田駅南口を出た、緑のない南一番街にひしめいていて、北関東一と言われる淫靡《いんび》、喧騒の不夜城を作り上げている。

――しかしこのままでは、太田のネオン街も消えちゃうんじゃないか。

そんな追い詰められた気持ちを抱いて、トヨタ本社に乗り込んできた面々がいた。二〇〇七年五月、経営不振に陥っていた富士重工の技術者たちだった。

彼らの中には太田市からこの豊田市まで、三百五十キロ以上も車を走らせてきた者もいる。

スポーツカーをトヨタと共同で作ることができるかどうか、協議するためだった。

実は、トヨタの「スポーツカー復活プロジェクト」は、富士重工の力を活用する意味合いも含んでいたのである。

トヨタの事情を記すと、二〇〇五年に販売が伸び悩む富士重工の株式八・七%を取得して筆頭株主になっていた。「果たしてそれだけのメリットがトヨタにあるのか」という声が株主や市場関係者から出ており、その疑問に応えるには、トヨタと富士重工の双方に利益のある共同開発を模索しなければならなかった。

そこから出てきたのが、富士重工と共同でスポーツカーを作ったらどうだ、という案だった。トヨタの元幹部は当時の空気をこう証言する。

「まずは、あんな面白い会社の株を買ったんだから、あちらの技術陣と何か面白いことをできないか、というわけですよ。エンジニアに言わせると、富士重工といえば、独自の水平対向エンジンと四輪駆動システムなんですね。特に水平対向エンジンはピストンを横に寝かせ、いまやポルシェとスバルしか作っていない平べったいエンジンです。重心の低いエンジンなので、車高を低くして安定して走ることができる。つまりスポーツカー向きだ。

二〇〇七年一月の商品企画会議でも、富士重工の技術も使ってスポーツカーを作れないかという方向もあったんです。これならトヨタが筆頭株主になった富士重工を救うことにもなり、トヨタの株主にも説明がつきますからね」

会議室で多田は富士重工の面々を出迎えた。心のなかでつぶやいていた。

「どうしてこんなに大勢なんだ？」

トヨタ側が、多田と主任の今井、それに三人ほどの商品企画部担当者なのに対し、相手はその三倍の十五人近い社員が詰めかけているのだ。営業部門や目付け役のような者もいた。彼らには、このスポーツカー復活プロジェクトに賭ける強いものがあった。

二〇〇七年三月期の連結決算は、トヨタが前期より二割近い大幅増益で、日本企業として初めて二兆円を突破したのに対し、富士重工は売れ行きが落ち、一割以上の減益を記録していた。

――俺たちが何とかしなくてはいかん。この協業は浮上する最後の機会かもしれない。

富士重工のひとりはそう思っていた。だが、提携や共同プロジェクトは簡単には進まない。トヨタに反発する者も少なくなかったのである。こう漏らす幹部もいた。

「やっぱり、共同プロジェクトなどやめておいたほうがいいのかもしれない。うちは質朴で、『わが道を行く』という企業だ。他社と足並みを揃えてやれる体質ではない」

プライドの高い技術者たちもたくさんいた。

富士重工のルーツである中島飛行機は戦前に、全国百四十七の工場に二十六万人の従業員を擁して、戦闘機隼《はやぶさ》や鍾馗《しょうき》、疾風《はやて》などを次々に開発した。零戦を作った三菱重工業よりもはるかに大きかったのである。

戦後になって解体され、グループの再結集後も航空機開発を続けながら、事業の柱を自動車に置いたが、乗用車事業への本格参入は一九五八年と遅れた。そのとき誕生したのが、通商産業省の国民車構想に沿って大ヒットした軽自動車スバル360である。

だが、その三年前にトヨタは中型のクラウンを、日産自動車はダットサン110型を、それぞれ発売している。両社は高速道路の時代と一九六四年の東京オリンピックを控えたモータリゼーションの波を見据え、小型車の開発にも乗り出していた。

一方、海外販路や販売の人材に欠く富士重工は、独自の生産管理方式を編み出したトヨタなどに比べて社員のコスト意識が低く、バブル景気にも乗り損ねた。トヨタがソアラ、日産がシーマなど「ハイソ（ハイ・ソサエティ）カー」と呼ばれる高級車で売り上げを伸ばしたのに対し、富士重工が切り札としたレガシィは名車と評価されながら、売れ行きはなかなか上向かなかった。

そうした苦境を、富士重工は他社との提携で乗り切ろうとして、もがき続けてきた。一九六六年にいすゞ自動車と業務提携し、三菱重工業（現・三菱自動車）とも組んだ。さらに赤字に転落すると、提携していた日産から、社長の人材として日産ディーゼル社長だった川合勇まで送り込んでもらった。

ところが、再建の旗を振っていたその川合が、代表取締役会長在任時に、海上自衛隊の救難飛行艇開発にからんで贈賄容疑で逮捕、起訴され有罪判決を受けて、会社の信用は地に落ちた。収賄側で東京地検特捜部に逮捕されたのは、防衛政務次官の中島洋次郎だった。中島飛行機の創業者・中島知久平《ちくへい》の孫である。

苦難はさらに続く。日産との提携を解消し、一九九九年には世界的な業界再編の波を受けて、米ゼネラル・モーターズ（GM）と資本提携したのだが、そのGMも経営が悪化してしまう。代わって二〇〇五年に富士重工の株主となったのがトヨタだった。

多田との会議に臨んだ富士重工のエンジニアが、「もう後がない」と思うのも当然のことであった。この会議からしばらく後に、出席した関係者がトヨタ側に内情を漏らしている。

「俺たちはうまく協業ができないでここまで来た。これまでは不運もあり、協業の相手方にも問題があったのだが、トヨタと始めてだめだったら、もう救いがたいと考えていた」

多田は、相対する四十代半ばの男を見て、（うへぇ）と思っていた。どこか斜に構えた、偏屈そうなオヤジだった。多田が描いていた「スバルエンジニア」のイメージそのままの、マニアックな印象なのである。

——こんなエンジニアを相手にするのだろうか。

多田はそう思いながら、会議に入った。

うへぇと思わせたのは、技術開発部主査の賚寛海《たもうひろみ》である。石川県の金沢市立工業高校機械科を卒業して叩き上げた、異能のエンジニアだ。一九八二年に富士重工に入社した後、夜間の群馬大学工業短期大学部機械科で学び直し、スバル技術本部で、2ドアクーペのアルシオーネSVXやレガシィの二、三代目、さらに二代目インプレッサを開発してきた。

その一方で、未舗装のサーキットで走行タイムを競うダートトライアル、通称「ダートラ」の現役の走り屋としても知られている。自宅の庭はタイヤを外し、「ウマ」と呼ぶ専用ジャッキに乗ったインプレッサに占領されており、その周りにダートラで使うパーツが散乱していた。

そして、酒飲みの親分肌でもある。大人数で記念写真を撮ると、上司やかしこまった同僚に構わず、最前列でいたずらっぽく、ひとり親指を立てた姿が映っていたりして、部下には人気があった。

彼の妻は三つ年下で、職場結婚後も富士重工でシャシー設計担当のエンジニアを続けていた。賚は酒を飲むと、「うちの奴は、俺に『あなた、まだこんなヘボな設計をしてるの』と言うんだよ」とぼやくので、トヨタの人々は一体どんな人なんだろう、といぶかしんでいた。ある日、酔っぱらった賚を夫人が車で迎えに来たのを見て、賚がとても大事にされていることを誰もが知った。賚は賑やかな酒が好きなのだが、すぐに酔って寝てしまう。そこで、若いエンジニアが「今日はお前が賚さんを介抱する番だぞ」と指示され、閉口しているところを、彼女が救いに現れるのである。昭和の風景だった。

実は、賚たちは一年ほど前からトヨタムラを何度も訪れていた。トヨタとの提携話を進めるためである。賚は当時、先行開発を模索する技術開発部に所属していた。この男たちがやがて、多田の心をつなぎ留める鎹《かすがい》のような役割を果たしていく。

二　情熱で作るんだ

トヨタ側から見た富士重工の弱点は、「日本一の軽自動車を作るんだ」という熱すぎる意気込みである。もともと軽自動車からスタートし、「てんとう虫」の愛称で親しまれたスバル360や水平対向エンジンを搭載したスバル1000、「農道のポルシェ」と呼ばれた軽商用車サンバー、数々の四輪駆動車など先駆的でマニアックな車を作り続けてきた。

ところが、軽自動車のエンジンやサスペンションに、高級車やスポーツカーに使うような機構を採用しており、「奢《おご》った車を作っているけれど、軽のお客さんがこんなのを欲しがるのかな」と多田は思っていた。

乗り心地やコーナリング性能は抜群にいいのだが、コスト高につながり、経営の足を引っ張っている。ただし、技術力が卓越しているのは確かで、彼は以前にもサンバーのエンジンとフレームを使って、小型スポーツカーができないものか、と真面目に検討したことがあった。

今回のスポーツカー復活プロジェクトについては、トヨタの商品企画部を窓口にしており、多田は事前に「富士重工の水平対向エンジンを積み、ＦＲ（後輪駆動）のスポーツカーを作ったらどうなるか」という検討を富士重工側に求めていた。こうすれば、二社の共同プロジェクトとなるから、開発経費は折半といかなくても、かなり安くつくことは明らかだ。

問題は、富士重工が作っていたのが、主に４ＷＤ車、つまり四輪駆動車だったことである。スバル・レオーネやレガシィなど四駆はラリーでは強く、多田は「水平対向エンジンはいいのだが、スポーツカーはやはりＦＲ車でなくてはダメだ」と考えていた。

会議が始まった。両社の挨拶のあと、富士重工側が多田の眼を見ながら切り出した。

「ＦＲ車がお望みだと聞いてますが、スポーツカーを作るなら、四駆の方がいいんじゃないですか」

そして、作成してきたパッケージ図を取り出して説明を始めた。

「どうしてもＦＲにしたいなら、こんな感じでどうですか」

それは大きな車だった。ホイールベースと呼ぶ前輪軸と後輪軸との距離も広かった。

「これぐらい広くしないと、後ろの席が窮屈ですね」

「いやいや、そんなのは私たちは望んでいません」

説明を聞いて、多田は強い口調で言った。

「四人乗りだけれど、後部はもっと詰めて、全体をできるだけ小さくしてください」

後部座席はこのスポーツカーに必要なのか、という議論を交わし、「どこまで小さくできるかという話を次にしましょう」というところに落ち着いた。

多田が驚いたのは、彼らの四駆へのこだわりである。多田やトヨタ商品企画部は「富士重工の水平対向エンジンを積んだFR車」に傾きつつある。「それなら『ヨタハチ』と呼ばれたかつての名車以来の軽量スポーツカーができるんじゃないか」という声もあった。それで多田は富士重工側に「検討するとしたらFR車にしてくれ」と伝えていたのだ。ところが、賚たちはこう言い出した。

「四駆から始めればFRにするのは簡単です。結局は同じなんですよ」

「それはちょっと乱暴な話じゃないかな」

「四駆のフロントのパーツを外せば、自動的にFRになるじゃないですか」

「いや、いくらなんでもそれは……」

「そうですかね」

議論は二時間ほど続いた。多田は太田の敵陣に行ってみたいと思った。

スポーツカー自体に強い関心を抱いているようは見えないが、彼らの言葉の端々に、この協業が富士重工復活に向けたラストチャンスだ、という情熱を感じる。多田は視界が少し開けたと思った。

スバル町の面々を率いるのは、スバル技術本部副本部長の神林茂実である。技術開発部長を兼務し、圧縮天然ガス自動車など先行技術開発を手掛けてきた。温厚で、「ヒコーキ野郎」とでも呼ぶべき夢の多いエンジニアだった。

彼の愛車のダッシュボードの上は、前身の中島飛行機が制作した戦闘機隼や疾風、鍾馗、重爆撃機呑龍《どんりゅう》の模型がびっしりと置いてあって、源流の誇りを残しているようでもある。

これはすこし後の出来事だが、多田が神林の車に乗せてもらったことがある。ダッシュボードの模型があまりに多いので、「これで前が見えるんですか」と尋ねた。すると、神林がやんわりと答えた。

「そんなことはどうでもいい。飛行機に囲まれて暮らすのが僕は幸せなんだよ」

トヨタには珍しい、率直で癖の強い技術者たちだ。もし、彼らと組むのならば、車の企画と総合指揮は多田が担い、開発や製造は富士重工にやってもらうことになる。

「他社と一緒に作るのでは、トヨタの車とは言えないのではないか」という声もあった。だが、実はトヨタも分業化が進み、関東自動車工業（現・トヨタ自動車東日本）や豊田自動織機、ダイハツなど関連メーカーにかなりの車種の開発、生産を委託している。トヨタの中で全部完結している車はわずかだ。それをZのエンジニアがついてメーカーをコントロールしているから、自分たちの作りたいものができる。

会社の垣根を越えても、熱を帯びたエンジニアたちで作るのが一番いい。多田はやがて、〈Built by passion, not by committee.（迎合はしない。情熱で作るんだ）〉という自前のスローガンを口にするようになった。それは「道楽みたいな車を作る余裕はうちにはない」というトヨタ社内の冷ややかな声に向けた抵抗の言葉でもあった。

三　会社の境界を越えていけ

「ちょっと外に出ませんか。うまいラーメン屋があるんですよ」

何回目かの長い合同会議が終わり、多田は富士重工の賚寛海に声をかけた。

賚は敵方の現場を指揮する軍曹格だ。その男が気になって懐柔にかかったのである。まだ課長級だったが、改まった会議でも言いにくいことをはっきりと口にする。

多田はてっきり二、三歳くらいしか歳が離れていないと思っていたが、実は七つも年下の四十三歳だった。

「ああ、いいですねえ。行きましょう」

賚はラーメン好きだった。目を糸のように細めて多田の後に続いた。

この年の夏には、〈両社が富士重工の水平対向エンジンを使った新型スポーツカーの共同開発を検討している〉という趣旨の記事が新聞に掲載される。共同開発は、富士重工にとって生き残りをかけたプロジェクトであることは間違いない。賚はそれを実らせるために、同僚のエンジニアたちとともに、泊まり込みで愛知県豊田市に来ているのだが、トヨタにすればそれは有力ではあるものの、後述する五つの案のひとつに過ぎなかった。

二人は技本を抜け出し、多田の車で豊田市から約二十キロ離れた愛知県刈谷市に向かった。

多田はB級グルメを自任している。特にカレーとラーメンが大好きだった。刈谷には大きな黄色い看板の「鬼ぶたらーめん」があり、そこは国産の材料にこだわっていて、チャーシューは大きいし、辛くて酸っぱい赤鬼らーめんや、ニンニクの効いた青鬼らーめんもイケると思っていた。

多田が富士重工のある太田市に出張すると、今度は賚が、家系の「浜っ子ラーメン」に連れて行って、キャベツてんこ盛りのラーメンを二人ですすった。それから、よく打ち明け話をした。

賚は会議の場ではちゃんとしゃべるのだが、二人になると、歳の差を忘れたかのように「俺なんかよぉ」とくだけた物言いをする。口も悪くなる。

雑談でトヨタのチーフエンジニア、通称CEの仕事の話題になった。富士重工では、車の開発を統括するCEのことをプロジェクト・ゼネラル・マネージャー、略してPGMと呼んでいる。CEはトヨタエンジニアの憧れのポストなので、富士重工でもPGMになりたくて働く人が多いのだろうと思っていたら、

「そんなこと、思ったこともなかった」

と賚が言い出した。

「俺はずっと見てて、くだんねえ仕事だと思ってた。雑用とか変なことまでやって、技術のこともろくにわかんねえのに、時々偉そうにして、『なんだあいつら、あんな奴がいなくても車はできるぜ』と思っていた」

「えー、そうなんだ」

多田が首を傾げると、賚は「だけど……」と続けた。

「トヨタの人たちとつきあって、俺は初めて、チーフエンジニアだったらなってもいいかと思ったよ」

「賚さん、なんでだね」

「だって、多田さんを見てたら、楽しそうだもん」

多田はくすぐったいような気持ちになって、不意にこの男も苦労しているんだな、と思った。サラリーマンなら何度か会社を辞めたい、と思うときがある。やりたい仕事と高い望みを抱いている人間ほど挫折も多い。

賚の場合は金沢の工業高校を卒業して入社し、すぐにそのときが来た。気がつくと、有名大学や大学院を卒業した人間たちに囲まれていた。少し前までその職場には、青春を旧軍の飛行機開発に捧げた戦前、戦中派の優秀な技術者も残っていた。彼は強い引け目を感じた。

「僕は会社を辞めたいです」

工場でライン実習を命じられた際に、一緒になった期間工に打ち明けた。同じ寮に寝泊まりしていた五十がらみの年輩だった。すると彼はつぶやくように言った。

「オマエは良かったんだよ」

——なにを言ってるんだ。

腹の底に湧いた反発を抑えて賚が聞いていると、彼はこう続けた。

「同期で入った大卒よりもはるかに楽な身分なんだぞ。社会に出て最下層でいられる経験は、なかなかできるもんじゃない。オマエは上を見るだけでいいが、一緒に入った大卒はオマエの面倒も見なければいけない。上しか見なくてもいい環境で社会生活をスタートできる人間はそういない。だから三年は我慢しろ」

これは、モーターファン別冊『スバルのテクノロジー』から引いた話だが、その言葉で賚は苦い挫折感を飲み込んで、我慢することを決めた。あの期間工が姿を消し、三年が過ぎたころには仕事が面白くなっていた。

彼は最初に車技一部第二設計課（現・ボディ設計部）に配属され、富士重工の基幹車種である4WD車・レオーネのマイナーチェンジに取り組んでいる。それから看板車種の開発を任され、モノ作りの神髄を学んでいった。

彼が設計ミスをしたときのことである。工場のラインが止まる騒ぎが起きた。それで、自分の設計で引いた一本の線が大変な数の人々を動かしていることを痛感した。身震いするほどの責任の重さである。それから四半世紀が過ぎ、いまトヨタと対峙《たいじ》して、富士重工の浮沈を握る共同開発の現場のまとめ役になっていた。

そんな賚に、多田は惹かれるものを感じていた。

普段は武骨で、「俺は口下手だから人前に出るのが苦手なんだよ」と言いながら、ほろ酔いのときほど面白い言葉を吐く。部下を交えた場で、「車というのは工業製品なんだけれど、あれは自分を仮託したものなんだよ」とさりげなく語ったり、「技術者というのは素晴らしいことをやっているんだ」と説教じみた話をしたりする。

「だって、神様と女を除いて、この世界でモノを作れるのは俺たち技術者しかいないじゃないか。作ることで人を感動させることができるんだ。昔の技術者は上役から『もう家に帰れ』と言われても仕事場から帰らなかった。それがわかっていたんだと思うよ」

自動車業界では、「富士重工は野武士集団だ」と言われていた。みんなが自由に好きなことをやって、「上の言うことなんて聞くか」という雰囲気だという。多田もそう思ってつきあってきたが、賚は「それは違う」と言った。

「うちはもともと陸海軍の飛行機を作っていたから、組織体系が官なんです。上の言うことにきちんと従うところがある。文句を言うと上は驚きますよ」

それを聞きながら、多田は富士重工の別のエンジニアが言った言葉を思い出した。

「例えて言えば、うちはちょっとすたれた市役所ですね。市役所みたいに上から話が降りてきてその通りに動く。一方、トヨタさんは高度な町工場という感じかな。社風というか、企業文化が全く違う」

別の日のことだが、多田が賚を連れて社内を案内していると、「トヨタはすごく自由にのびのびと楽しそうな会社なんですね」と彼が言うので、意外な感じに打たれたことがある。社内にはトヨタムラの息苦しさを訴えるエンジニアも多かったからである。賚はトヨタの社内で、エンジニア同士が言い合っているのをたまたま聞いたと言うのだ。

「俺は承知しねえぞ」

「いや、何を言っているんですか」

そんなやりとりに、妙なすがすがしさを感じたのだという。

隣の芝生は青く見えるのか、それとも富士重工はもっと上意下達の厳しい会社なのか。多田は首を傾げながら、それでも賚のような技術者が生き残っているのだから、富士重工はやはりいい会社なのだろう、と思った。

彼は、賚が富士重工のエンジニアたちにこんなハッパをかけるのを耳にしている。

「この共同開発はなんとしても成功させたいよな。やれ富士重工だ、トヨタだ、と言っている場合じゃないぞ。ドイツを見てみろ、国全体が自動車会社じゃないか。トヨタエンジニアには負けないという気持ちを持って、会社の境界を越えていくしかないんだ」

新しい車の開発はたいてい新技術を生む。そのうえに、これまで大胆な投資ができなかった富士重工のエンジニアには、かけがえのない経験が残る。潤沢なトヨタの予算を使って――そんな期待を賚は抱いていた。

四　速い車じゃなくていい

青い水を張ったような大空の下に、砂漠の街の巨大なレーススタジアムはあった。

全米から集まった無数のキャンピングカーが燦然《さんぜん》たる太陽を浴びてキラキラと輝いている。その屋根に半裸の男たちがよじ登り、スタンドを埋めた七万人近い観衆とともに、その時を待っていた。

平均時速三百二十キロで走るレースカーの心臓が烈《はげ》しい雷鳴のような唸りを上げる。拍手の波が湧き、フェニックス・インターナショナル・レースウェイに歓喜の声が満ちた。

多田はTOYOTAのロゴが入ったTシャツを着て、ピットのそばでひっきりなしにコーラを口にしていた。アスファルトのサーキットはすでに熱を持っている。彼も陽にあぶられ、喉の奥までヒリヒリと渇いていた。何かを喉に流し込んでいないと、ここにいる意味を忘れそうになるほどの渇きと興奮である。

スタジアムは、アメリカ西海岸のロサンゼルスから東へ六百キロ、アリゾナ州の州都であるフェニックス市の郊外にあった。多田は「スポーツカー復活」を目指して、NASCAR(National Association for Stock Car Auto Racing＝ナスカー)のレースを見に来ている。

ナスカー、つまり全米自動車競争協会は、米国最大のモータースポーツ統括団体であり、この協会の下で全米を回るレースの総称でもある。それは米国で最も人気の高いモータースポーツレースで、NBAやメジャーリーグに匹敵する興行と言われていた。

数千万人がテレビで観戦し、トム・クルーズとニコール・キッドマンが初めて共演した映画『デイズ・オブ・サンダー』や、アニメ映画『カーズ』、マット・デイモンとクリスチャン・ベールが競演した『フォードvsフェラーリ』で描かれたその舞台は、日本ではありえない熱狂の光景だった。

彼は、米国トヨタ自動車販売副社長の長野英次が言った言葉を思い出していた。

「ナスカーに参戦しないと、アメリカで車は売れない。トヨタが米国で仕事を続けるかぎり、米国文化の象徴ともいえるナスカーも続ける」

そう宣言して、トヨタは二〇〇七年の二月、ナスカーの開幕戦である「デイトナ500」でデビューして、計三十六戦の終盤に差し掛かっていた。

常務の河上清峯から「一年ぐらいで何とかめどをつけてくれ」と言われたのが二〇〇七年一

月末である。その期限まで二ヵ月ほどしか残されていない。

スポーツカーを開発すれば、米国は有力な市場となるだろう。だが、営業目的の視察ではない。

「赤字にならない企画を持ってこい」

役員たちの注文はそんな抽象的なものである。「すごく儲けろとは言わないがな」と言う幹部もいた。彼らの多くは無責任だった。サラリーマン社会はそんなものだが、指示に従ってうまくいかなくても責任を取ってくれるわけではない。役員自身が指示したことを覚えていないこともたくさんあって、「いやいや、そうおっしゃいましたよ」と反論した時期もあったが、「そんなこと言ったっけ」ととぼけられ、「ああ、これは明るく返事して放っておけばいいんだ」と学んでいった。

不平は心の中にぐっととどめ、何を言われても、「わかりました。すぐやります」と返し、正しいと思うことを勝手にやる。そう決めていた。スポーツカーを開発したチーフエンジニアは、社内にはもういなかった。多田はZのチームを出て独立した存在だったから、自分で切り開いていくしかなかったのである。ナスカー視察も彼ひとりの考えだった。

たったひとりの部下である今井孝範は連れていけなかった。「アメリカなんかに何をしに行くんだ」という社内の声があったからである。今井はちょっと不服そうに、国内のサーキットを回っている。

ナスカーが全米からファンを吸い寄せているのに対し、日本で開かれるレースは観客が減り、収支も赤字で、寂れる一方だった。今井もその現実を噛み締めていることだろう。

副社長の豊田章男がスポーツカー復活の意向を持っているから、役員も表立って反対しないが、同僚たちの話では「道楽まがいのプロジェクトだ」と思っている幹部がたくさんいる。隙あらば足をすくってやろうという感じがひしひしと伝わってきた。

その原因は、やはり日本のスポーツカーが儲からないことに尽きる。それでもやるべきだ、と説得できる何か、あるいはその種のようなものを見つけないうちは絶対うまくいかない、と多田は思った。

車のメカニズムやスタイルがいくら良くても、それは枝葉末節のことなのである。その先のビジョン、スポーツカーを取り巻く世界観をちゃんと説明して、最初は赤字かもしれないが、続けていけば必ず明るい未来が待っている、ハイブリッド車や電気自動車だけでなく、その先には別の車の未来もある——ということを説得できないかぎりは、復活プロジェクトは途中で消えてなくなるに違いない。


ナスカーのレースは、そんな社内事情と駆け引きを忘れさせてくれた。世界には、F1と世界ラリー選手権、ル・マン二十四時間耐久レースの三つのビッグレースがあるが、ナスカーはそれらのカネ食い虫のレースとは違った米国の陽気な土に根差し、車好きの手の届くところにあった。

——まるで大相撲の興行のようじゃないか。

多田は歓声に包まれながら、場違いな思いにとらわれていた。

大相撲の力士を、場内アナウンスとともに続々と登場する地元レーサーにたとえるならば、桟敷席ならぬスタジアムで楽しんでいるのは、おらほの、つまりわが町のレーサーに熱い声援を送る老若男女、そして大小のスポンサーたちだ。キャンピングカーに愛犬を乗せて興行を追いかける家族もいて、ナスカーは旅と大自然とスピードを味わえるアメリカ一周のショーにもなっている。

それを全米にテレビ中継させ、膨大な放映権料を稼ぎながら、会場ではレース関連商品を売る。レースチームのオリジナルバーガー、多種多様なファストフード、レーススーツ、チームユニホーム、キャップ、無数のTシャツに加えて、レースカー専用の工具類、エンジン製作のための機械加工マシンまで並んでいる。その機械も最新のものばかりだ。

ナスカーのレースチームも最新のものを揃えているので、多田が「すごくカネがあるんだねえ」と言ったら、「これもスポンサー契約をしているんだ」とこともなげに語る。工作機械を作る会社のステッカーをレースカーに貼ったりして、「ここの工作機械を使っているから速いんだ」と発信している。その見返りに新型が出るたびに無償で機械や工具を持ってくる。それで車の性能も上がり、レースはさらに盛り上がる。

実は、ナスカーに登場する車のボディやシャシーは、トヨタもGMも地元のチームも全部ほぼ同じ形だ。主催者が決め、それにメーカーやチームが塗装やステッカーで装飾してオリジナルの車らしく見せている。そのためレースに参加するコストが安く、スポンサーを集めやすい。エンジンだけは各社で作るものの、その作り方が細かく決まっていて、どこが製作してもたいして性能差が出ないようにしてある。だからレースが伯仲する。

ファンが喜ぶのは壮烈なカーチェイスや衝突事故だが、車自体はレーサーが致命傷を負わないように頑丈に作られていた。一見、ローテクなメカニズムでできているふりをして、中身は最新鋭のマシンに加工されている。巧みな運営手法である。

もっとそのビジネスの秘密を知りたいと考えて、多田は東海岸でナスカーの聖地と呼ばれるノースカロライナ州シャーロット市に飛んだ。ナスカー協会が本拠を置き、ナスカーに参戦するチームの工房が集まっている。

驚いたのは、レースの舞台裏やタイヤ交換の練習風景などを巧みにショーアップして見せていることだった。旅行会社がツアーパックを売り出し、全米から見に来た観光客にレースチームの心臓部を公開している。客用の通路で誘導し、機密のぎりぎり近くまで見せていた。そして、ナスカーのタイヤ交換をする「ホイールマン」の、怪力にものをいわせた曲芸のようなタイヤ交換作業を見せる。彼らは高給で雇った元アメリカンフットボール選手だ。彼らの出身地もアナウンスするから、ドライバーだけでなくピットクルーにもファンがいて、そのユニフォームもまた売れている。

「日本ではあり得ない」と思ったのは、ナスカー協会がGMやフォード社以上に、アメリカの工学系学生の就職人気を集めていたことだった。頭の切れる若者がビジネスを仕切っている。その彼らがナスカーのからくりやモータースポーツのビジョンを滔々《とうとう》と語り、「細かいところまで工夫し、スポーツビジネスにのめり込まないと、儲かるところまでいかない」と胸を張った。

多田は唸ってしまった。やっぱり、現地現物を見ないとわからないことがある。それからも軽装で小さなスーツケース一個をガラガラと引き、ドイツ、ベルギー、イギリスなどのレースやラリー、スポーツカーのファンイベントを見た。それから国内のサーキットを回った。そこでひたすら聞いた。

「あなたはどんなスポーツカーが欲しいですか」


現場に解を求める手法は、都築功から学んだものだ。

それはZに呼ばれて間もないころだった。都築はトヨタの上級スポーツカーと呼ばれる「スープラ」の四代目を開発していた。多田は自分が次の五代目を作るために抜擢されたのだと誤解し、勇んで技本に赴いた。ところが、都築が開発するのは一五〇〇ccクラスのワゴンだと言う。

「何ですか、その車は?」

「乗る、使う、楽しむ、がテーマでね。お年寄りから若者までだれにでも乗りやすい車だよ」

都築は高齢化社会をにらんでいた。左右の後部座席に引き戸感覚のスライドドアを採用し、後ろの席は高級車並みに足元空間を広く取る設計をして、弱者に寄り添ったファミリーカーを作ろうとしていた。多田はがっかりして、思わず「スポーツカー以外に、僕は興味がないんですが」と口走った。細面の都築が顔を朱に染めて怒鳴った。

「この車もスポーツカーも車作りの本質は同じだぞ。そんなこともわからない奴にスポーツカーなんか作れるわけないじゃないか」

そして、多田を福祉施設に何度も連れて行った。モックアップと呼ぶ実物大モデルを作ったときも、車を開け閉めしながら、「お年寄りはこんなところでつまずいたり、苦労したりするんだ」と教えてくれた。

トヨタの社長だった奥田碩《ひろし》は「社会全体の風潮として、モノ作りに対する尊敬や思いというようなものが、抜け落ち、崩れようとしている」という懸念を抱き続けたが、モノ作りに対する一途な精神は、現場の罵声や叱咤とともに先輩から直接伝授されていくものだった。

一九九七年に発売した車はラウムと名付けられた。「空間」を意味するドイツ語 Raum からきているという。それは弱者との共生に目覚めた現代社会を先取りしたものだった。だが、営業幹部からは、「施設の匂いが強すぎるのもねえ」「そんなイメージがついたら売れませんよ。マイナスにしかなりません」と言われ、売れ行きも期待したほどではなかった。それでも多田は、「時代より早すぎただけだ」と思った。

多田が都築の後を継いで、ラウムの二代目を開発したのはその六年後のことである。以前にも記したが、車のハンドルを横の楕円形にしたり、エアコンのスイッチやつまみの表示を英語から大きな字の日本語に変えたりして、さらに使いやすく工夫している。そのとき頭にあったのは、「現場を歩き、運転する人に寄り添った車を作れ」という都築の教えだった。

それからさらに四年後、多田が世界のレース場やイベント会場を歩いてよく聞かされたのは、「モンスターサイズではなく、手軽に買えるスポーツカーが欲しい」という声だった。AE86型のカローラレビンやスプリンタートレノ、つまりハチロクや日産シルビアのような軽量スポーツカーを駆って爽快に走り、可能ならばサーキットに挑みたい、というのだ。多田はこう思った。

――「ライバルよりも速い車を」という意識を捨てよう。そして、ナスカーやラリーカーのように、自分でカスタマイズできる車を作ろう。

つまり、ドライバーの好みと使い方に合わせて、パーツやタイヤを取り換えられる車だ。

「これはいい車です」といくらメーカーが押しつけても、客の好みはひとりひとり違うし、買った後の楽しみが続かない。

「自分でモディファイ（変更）できる車を作ったらどうかな」

車両企画部に戻ってきた多田の話は、今井にもよく理解できた。

新車でスポーツカーを買うのはすごくハードルが高い。金があるか、よほど腕に自信があるか、それぐらいでないと高い車は眼中にない。そもそも買えないから、憧れがあってもなかなか自分事にならないのだ。

今井の乗り方で言えば、いじり倒してぶっ壊れてもいいぐらいの走りをしたいから、中古がちょうどいい。頑張ってやっと買ったものでも、そのまま乗ることは考えていない。そこからお金をかけていじったり軽くしたりしていきたい。プラモデルと一緒で、あくまでベースとなるものが欲しいのだ。

自分たちの考えが時代に合っているのか、それをつかむためにも、自分の足で聞き歩かなければならない。

「レースではなく、レースを見に来る人を見に行け」。そう言って、今井を国内外のサーキット視察に送り出してくれた多田の考えがよくわかった。

——ファンは何が面白いと思って来ているのか。レースビジネスはどう成り立っているか。

今井はサーキットから戻ると、海外のビジネスモデルの演出力と工夫、日本の現状を対比する資料を作った。日本にもミニサーキットが何百とある。草の根でみんな楽しんでいるのだ。だが、そこに提供する車をいまトヨタは作っていない——という結論だった。

「役員たちを説得しなければいけない」

今井もそう思い始めていた。

五　五つの開発案

やがて、五つのスポーツカー開発案がまとまった。多田はそれをA3用紙一枚に記して、役員室を回った。これには少し仕掛けがある。

トヨタには「A3文化」と呼ばれる独特のやり方があり、複雑なことでもA3用紙一枚で説明を求められる。スタイルは決まっていないが、たいていの場合、冒頭部分に報告者なりの結論があり、その後に結論に至った理由や背景、課題などが簡潔に記されている。

そこにあった第一の案は、富士重工の水平対向エンジンを使ったFR（後輪駆動）車で、多田はその採用に傾いていた。だが巨額の投資を必要とすることだから、技術系や営業部門など十人近い幹部の部屋を回っている。それでなくても、「俺は聞いとらん」とごねる役員がいるのだ。ガス抜きというわけではないが、ひとこと言わねばすまないという幹部には、「ちゃんとご意見は拝聴しました」という形を取っておかなければならない。そうすれば、後で文句をつけられても言い訳は立つ、という計算もあった。

二つ目はトヨタのスポーツカー用直列四気筒エンジンをFR車に搭載する案だ。

シリンダーが一列（line）に四本配置されているので、「L4エンジン」とも呼ばれている。ハチロクと呼ばれたカローラレビンやスプリンタートレノに搭載されていたが、とっくに生産を中止していた。もう一度作ってもこの時代の排ガス規制にはまったく通らない。だから、このスポーツカー復活プロジェクトから距離のある人々はこう言うのである。

「もしハチロクのような車を作るなら、やっぱりうちのエンジンをもう一度作って載せなきゃだめだ。新たな設計で新L4を作るんだよね」

ところが、多田は以前、エンジン部門に「新しいエンジンを作れないか」と相談に行って、こてんぱんにやり込められたのである。担当の幹部から「そのエンジンは一ヵ月に何台分が必要なの？」と聞かれたので、多田は率直に答えた。

「調子がよくて五千台ぐらいかな」

「はぁ？　月産五千台でエンジンを新しくだってぇ。なに言ってんだ。いくらかかるかわかってんのか、お前！　大変なことだぞ」

「うーん、わかりますよ」

「バカ！　お前らのために新しいエンジンなんか作れるか。今あるエンジンをちょこっと改造するぐらいでいい」

門前払いもいいところで、フーとため息を漏らしながら戻ってきた。ほとんど共通化した部品を使い、形を変えただけの車でも二、三百億円。心臓部のエンジンなどを作り直せば何だかんだで一千億円近くかかるのである。

自動車会社はどこもそうだが、車の心臓部を握るエンジン部門は特別という雰囲気があり、偉そうにしている。トヨタでは、技術系の役員の多くがエンジン出身者だった時代があった。Zから外れた多田には、彼らの頭は押さえられなかった。火の粉を浴びない外野の面々は「作ればいいじゃん」とはやし立てるが、責任を取らなければならない役員たちは「新エンジン？そりゃ無理だよ」と言うのだった。

三案目が、トヨタ得意のハイブリッド車である。プリウスに搭載しているエンジンを前後タイヤ軸の間に配置するミッドシップタイプで、環境重視の時代に合致している。もともとのユニットはトヨタ内にあるから値段も手間もかからないが、馬力に欠ける。

四番目はその逆で、第一の案にターボ（過給機）をつけて爆発的な馬力を求める案である。「ものすごいハイパワーのFR車ができる」とは思ったが、カネがかかるし、技術的にも難しい。

そして、五案目が4WD（四駆）車で、「富士重工のインプレッサやレガシィの車体、エンジンをそのまま使えばいいじゃないか」という発想である。いわば上辺だけ変える富士重工推奨案で、多田にしてみれば最も安易な車作りである。

もっとも多田は役員室を回ると、五つの開発案のうち第一案しか説明をしなかった。

「環境への配慮はどうなっているんだ」と問われると第三案を、「本格的なスポーツカーを」

と言われると、第四、第五案などを指し示し、「こんなのもありますが」と言って、デメリットを挙げ連ねた。

役員の多くは「わかった、わかった」と言った。ただし、はっきりした判断は誰も示さない。

――下手に「これにしろ」と指示して赤字になれば、責任を問われかねないからだろう。

多田はそう考えて、最後に技術系副社長の岡本一雄に相談した。

「水平対向エンジンを使ったFR車で行こうと思います」

「お前がやりたいのならそれでいい」

そして、岡本はこうつけ加えた。

「富士重工とやるのは大変なことだ。それは覚悟しているんだな」

多田はすでに手を打っていた。富士重工の賚やスバル技術本部副本部長の神林茂実に、

「ともかくおたくの水平対向エンジンを低くマウントし（載せ）て、FRに改造したプロトタイプ（原型車）を一台作ってくれないか」

と依頼していたのだった。うまくいけば、その試作車は、「スポーツカーなら四駆」と凝り固まった富士重工エンジニアの既成概念やトヨタ役員たちの常識を破る武器になるはずだった。

最初の賭けだった。

第四章　ごちゃごちゃ言うより作ってみろ

一　試作車が変えたもの

——せっかく買ったのにな。

読みさしの小説を置いて、多田浩美は考えにふけった。夫の哲哉のために五年前、無理をして購入したゴルフ会員権のことである。それはいいことなのだろうが、夫はスポーツカー作りに夢中になって、ゴルフのことを忘れてしまっているように見えた。

それは七百万円もした。とっくにバブルは崩壊して会員権相場は下落していたが、自宅のローンもあったから、多田家には痛い出費だった。

彼女はその一年ほど前の二〇〇一年から週三回、営業事務のパートに出ている。しんとした家のなかでひとり、ぼうっとした時間を過ごすのはもったいないと思ったのだった。仕事場で半日、電話に応対し、見積書や受注表、納品書を作成する。何もない日に、中里恒子や村山由佳、三浦しをんらの小説をゆっくりと読む。そんな平凡で堅実な暮らしが好きだった。

だが、夫は熱中したり欲しいものがあったりすると、まわりが見えなくなる質《たち》だ。たまたま、二人で郊外をドライブ中に完成間際のゴルフ場を見かけた。そのときから、夫は会員権を買う気満々だったのである。哲哉にはそんなことがよくあって、一時期はパチンコにはまっていた。夫婦でドライブ旅行をしているとき、何を考えたのか、静岡市郊外のパチンコ店に入った。彼は遊戯に夢中になって、旅行中であることを忘れた。気づいたときには、浩美は怒って電車で帰っていた。

そんな夫だから、ゴルフ会員権のことも彼女の方から「買ってもいいよ」と言い出したのである。夫が不機嫌になる前に、彼女は息子たちのための貯金四百万円を解約し、さらに貯蓄とへそくりをはたいた。息子たちの金は、両親などから贈られた祝い金やお年玉などをこつこつと貯めたものだった。

それを親が使うとは情けない、とは思ったのだが、やっぱり気持ちよく夫に仕事をしてもらいたかったのである。それに、彼が苛烈なZチームに加わって病気にならなかったのは、ゴルフという唯一の息抜きがあったからだ。

「Zのエンジニアはゴルフをやれ」と言い出したのは、副社長だった和田明広である。Zチームを束ねる親分だった。

「ゴルフの下手な奴は仕事もできん。ゴルフは戦略のゲームだからな」

というのだ。多田は（そんなことを言う人がいるのか）と思ってZに異動してきたら、本当にいた。和田はチーフエンジニアを集めて、しばしば説諭した。それも酒席でなく、会議室に呼んで素面《しらふ》で話し出し、時に怒った。

「また、ドジなことをやりやがった。あいつのゴルフと同じだ。全然戦略というものがない」

多田は新参者だったので、端っこで聞いていて、（ひえー）と思った。

——二つにひとつだ。ゴルフをやらないならやらない。やるんなら早くうまくならなきゃ罵倒される。戦略がないなんて言われたくない。

そうしてのめり込むうちに、ゴルフはひととき心の平静を保つ手段となった。会社を辞めたいと思っていたころは、会員となったゴルフ場に土曜、日曜とひとりで通っていた。日曜の夜になると気分が沈むのだが、スポーツカー復活を目指すようになってからは、海外や富士重工業群馬本工場のある太田市スバル町などへの出張が続いて、少しずつゴルフ場から遠ざかった。やがて行きたいとも思わなくなった。

だが、哲哉が新たな壁に突き当たっているのは、浩美にもわかっていた。彼が食卓で時折、ポツリと漏らしたからだ。

「東の方も大変だよ」

少し前に、彼はダイハツとコンパクトカーのパッソを共同開発したことがあった。ダイハツ本社は大阪府池田市にあるから、そのときは西に向かって約二百キロも車を走らせていた。今度は東のスバル町へ、その倍の距離を走って通っている。初めは新幹線や電車を乗り継いでいたのだが、経費節減のために乗り合いでトヨタ車を運転して行くようになった。

二〇〇九年三月からは、土日と祝日は地方の高速道路が千円で走り放題になったので、「お前たちはあれで行け」という指示を上役から受けた。毎週日曜の夜に出発して千円で太田市まで行って泊まり、月曜、火曜と会議を重ねて帰ってくる日々が続いた。

だが、彼がこぼしたのは遠距離出張が大変だということではなく、企業文化の異なるエンジニアと力を合わせる難しさのことである。

——きっとトヨタでの困難とはまた違った苦しさがあるんだろう。

そんなことを考えながら、浩美は東に向かう夫を送り出した。

彼らがこの日、目指したのは、スバル町よりさらに遠い、栃木県佐野市のテストコースである。四方を囲む深い山は紅葉が一面に広がり、冬の訪れを告げていた。人を寄せつけないすり鉢状の底に、四・三キロの高速周回路が造成されている。

それが富士重工のスバル研究実験センターだった。秘密めいたこの地で市販車の実走試験を繰り返したり、世界ラリー選手権を戦う車両を評価したりして磨き上げているのである。

ゲートをくぐり、コースの端に車を寄せると、白いレガシィが一台停めてあった。富士重工の看板車だが、車体が低い。

——シャコタンだ。

それが試作スポーツカーの第一印象だった。車高短《しゃこたん》、つまりレガシィの車高を低く落としているのである。多田は富士重工の技術開発部主査・賚寛海らに頼んだ言葉を思いだした。「おたくの水平対向エンジンを低くマウントして、FRに改造したプロトタイプを一台作ってくれないか」

その言葉を受けて、賚らが設計し、フレームの前部に自前のエンジンを載せ、後輪駆動のスポーツカーを手作りしたのだ。高価な専用部品を特注し、何千万円もかけたらしい。その上にレガシィのボディをかぶせていた。羊の皮をかぶった狼のようなものだ。

「これです。すぐ台車に試乗しますか？」

台車とは彼らの言葉で試作車のことである。多田たちが米国でレースカーを視察したり、国内のサーキットを歩き回ったりしている間に、試作部門の熟練工が三ヵ月ほどかけて、レガシィを切ったり貼ったりしたという。

——まあ頑張ってくれたんだろう。一台ぐらいならつきあってやるわい、というところかな。

多田は、トヨタから部下の今井孝範やテストドライバーを連れてきていたが、真っ先にハンドルを握った。

トヨタにはレーサーを夢見たエンジニアがたくさんいて、自分で走らせて性能を体感したがるのである。中には無茶な運転をする者もいた。二人乗りスポーツカーMR2を開発した技術者は、静岡県の袋井テストコースで試走させていて、車ごと派手にひっくり返った。「大丈夫ですか！」とみんなで助けに行ったら、逆さの車から這い出してきて、「いや、これは運転ミスじゃない」と言い張ったという。

「お客さんの安全のために、ひっくり返して様子を見たんだ」

それがあまりに堂々としていたので、社内で物議をかもした。「いやあ、あの人ならそんなことを言えるわな」

そんな腕自慢の技術者たちの中にあって、多田はプロのテクニックを学び、トヨタで最高のライセンスである「S2」資格を得ている。

手作り車のアクセルを踏むと、緊張は解けた。ハンドルの軽さに多田はびっくりした。カーブに入ると、後輪が柔らかく応えた。軽々と横に滑り、ヒュッヒュッと実に素早く反応する。ああっ、と声にならない声を彼は上げた。身体が座席にぴたりと吸いつく、味わったことのない快感だ。

——こりゃあ、軽快だ。

馬力があるわけではないのに、バンクで車体が傾く感じがない。高速でハンドルを切ってもぶれず、もっとスピードを上げても大丈夫だと思った。こんなものを軽々と作り上げるスバルの名人がいるんだ、と唸った。愉快な午後だった。夕方までテストコースを走り回った。

「面白い！　これはいけますよ」

多田が試走を終えて富士重工の社員に告げると、近づいてきた彼らの顔に苦笑いが浮かんでいる。

「確かにＦＲも面白いですよね」。作った彼らも意外なのである。彼らはそれまで「スポーツカーは四駆に限る」というこだわりを抱いていた。

「これをすぐにトヨタ本社に送ってください。車を役員に見せなくては」

トヨタには発表前の秘匿車両を陸送する「トヨタ輸送」という専門会社がある。多田はその特別トラックを使って、豊田市の技術本館脇にあるテストコースに運び込んだ。

結果は、上々どころか、予想以上の好評であった。役員たちに運転させると、「いいじゃないか」という声が上がった。「俺にも運転させろ」という者が続出した。

「むちゃくちゃ速いわけではないが、ハンドルを切ると独特の爽快感が味わえる」という反応もあり、「俺たちでも乗れる。意外と売れるかもしれないな」と漏らす幹部もいた。

「久し振りに楽しい車に乗ったな」

そう笑いかけたのは、多田を復活プロジェクトのチーフに選んだ副社長の内山田竹志である。スポーツカー好きの豊田章男も車を降りると、「面白い車じゃないか」と告げた。それで少しずつ社内の世論が形成されていった。

それから実証車を再びスバル町に持ち帰って、ＦＲ車に難色を示していた富士重工の各部署に貸し出した。すると、彼らは毎回、試走のあとで後輪をぼろぼろにして戻しに来た。「なぜですかね」と多田が聞くと、思いもよらない言葉が戻ってきた。

「ドリフトですよ。アクセルコントロールでリアを横に滑らせて走る、あれが楽しいんです。うちの四駆では味わえないリア感覚ですねえ」

それを聞いて、多田はこの試作車を飛行機でベルギーに運んだ。ブリュッセル空港近くのテストコースから、ベルジャン路と呼ばれる石畳路へと繰り出して、激しい振動や騒音の試験を重ねた。運搬代だけで片道五百万円もかかったが、高いとは思わなかった。

試作車を作ったところから可能性が広がっている。多田には、富士重工の技術者がスポーツカー作りへの自信を深めたことがわかった。反トヨタの技術者のなかにも、「これならやってみるか」という機運が生まれたような気がした。

それまでスバル町を訪れるたびに、白けた雰囲気や「ふざけたこと言いやがって」という敵意を感じてきたのだ。

富士重工の車の源流は軽自動車なのだが、その利幅は薄い。それがわかっていて凝った軽自動車の生産に傾注し、国内販売の三分の二までを軽が占めていた。そのため、トヨタの経理部隊から、「凝りすぎた軽の自前開発は真っ先にやめるべきだ」と指摘されている。もっとはっきりとトヨタ側の本音を書けばこうだ。

「軽自動車が一番儲かっていない。経営の足を引っ張っているのだから、いい加減にやめてはどうだ。必要であれば、トヨタグループのダイハツから車をＯＥＭ供給する。軽事業をやめないと、本当につぶれるよ」

すでに、北米インディアナ州にある富士重工の子会社ではトヨタ・カムリの生産をスタートさせていたが、トヨタ内部では他にも、「うちの小型車や作りきれない車を、向こうの工場で作ってもらおう」という一方的な話がたくさんあった。スポーツカーの共同開発が実現すれば、軽自動車を作っていた富士重工群馬工場に、スポーツカーの生産ラインが出現するだろう。

そのため、エンジニアの反発は強かった。関係者が言う。

「反トヨタ派の人に言わせると、『トヨタは俺たちの魂のような事業を追いやった。そしてわけの分からないFRのスポーツカーを作ろうと、馬鹿なことを言っている』というわけですよ。けしからん、という気持ちはよくわかる。トヨタの人間が大きな顔をしてスバル町にいるのがうっとうしい、という感じですかね」

これに対し、賚たちのように、「でも、しょうがないじゃないか。変わるしかないんだ」と言う者も少なくない。多田は、それぞれ半々ぐらいだろう、と思っていたが、その重い空気は試作車でトヨタの人々を驚かせたことで変化を始めていた。

――やっぱり技術者はごちゃごちゃ言うよりも、現物を作ってみることだ。それで越えられる壁があるんだな。

間もなく、多田の二人だけの開発チームに、二人の主幹が加わった。彼はこの機に乗じて、役員たちに言った。

「あとは色々な部品を流用するので、意外とお金はかかりません」

なるべく富士重工の有り物の部品やトヨタの部品を組み合わせ、新しい部品を興さずに手軽にできます、というわけだ。だが、それは結果的にうそになった。

試作車は一方で多くの問題を抱えていた。馬力に欠け、エンジンの回転数を上げないと走らない。何よりも燃費が悪かった。トヨタはエコカーで評価されているのだ。「こんな燃費で売り出すのか」とクレームがつくのは目に見えている。

多田は後になって、「実は……」と何度も頭を下げては新しい部品を次々に作っていく。そして最後に、トヨタとっておきの新技術までも要求する騒ぎに発展した。

二　鬼島の一喝

猿猴《えんこう》川は、広島駅前通りから南へと半円を描いて下る太田川水系の短い分流で、広島湾に近づくと川幅をぐんと広げ、自動車メーカー・マツダの本拠を二つに分ける。

河口に向かって川の左手に本社ビルと本社工場、右手には渕崎工場、それに南の海手側に車を組み立てる宇品《うじな》工場が立ち並び、専用埠頭から自動車専用船が海外へ船出していく。国内シェア五位ながら、堂々たる大工場群である。

かつては本社と対岸の工場をつなぐ渡船が運航していた。通勤ラッシュ時には「朝礼に遅れる」とあわてて船に飛び乗り、勢いあまって浅瀬に落ちる社員がいたという。いまはマツダ専用の東洋大橋が長い脚を伸ばし、部品輸送のトラックや循環バスが広大な場内をあわただしく行き交っている。

それは、梅雨入りしたばかりの二〇〇八年六月十二日のことであった。

マツダが支援するプロ野球の広島東洋カープは、エースの黒田博樹や四番打者の新井貴浩が移籍してしまい、喪失感の底にある。当然ながら戦績は振るわず、セ・リーグ四位と低迷して、その前夜もセ・パ交流戦で千葉ロッテマリーンズ相手に完封負けを喫していた。

「マーティ（・ブラウン）監督ではダメなんじゃ」と社員のため息が聞こえるような日だ。

マツダの開発主査である貴島《きじま》孝雄は、本社の一室で訝《いぶか》しんでいる。カープの監督采配や戦いぶりではなくて、こちらは、トヨタムラから訪れたライバル技術者の目的を測りかねていたのだった。

貴島はマツダのスポーツカー部門を束ねる技術者として、自動車業界で名の通った存在である。RX－7の開発リーダーを務めた後、三代目ロードスターを開発して、二〇〇五年に「日本カー・オブ・ザ・イヤー」に輝き、熱狂的な愛好家を獲得していた。

ロードスターは二人乗りの小型オープンカーである。各社がスポーツカーから撤退するなか、開発主査だった平井敏彦らが一九八九年、ひらひら舞うような軽量の後輪駆動車を作り上げて、「ミスター・ロードスター」と呼ばれた。貴島はこの初代のシャシー開発を担当し、やがて師匠のスポーツカー作りと、ミスター・ロードスターの愛称を受け継いでいる。

一方のトヨタはスポーツカー復活を目指して、この二ヵ月前に富士重工との間で、「小型FRスポーツ車の開発に関する合意書」を交わしていた。

——それなのに、なぜマツダにやって来たのか？

スポーツカーについて、何か意見を聞きたいのだろう——と考えるほど、貴島は甘くない。これは自動車業界に限らないが、製造業の中枢にいる者は他社に情報を与えることを好まないのである。

しかも、貴島は村夫子然《そんぷうし》とした風貌に反した一徹者で、社内では「鬼島《おにじま》」と陰口を叩かれている。技術の甘さを許さない、真っ直ぐな職人気質で、後輩に「刹那を大事に、真剣に取り組め。理論的に正しければそれをつらぬき、妥協するな」と教えてきた。それで「貴島の貴は鬼と書く」と言われている。

そこへ愛知県豊田市から三人の技術者が突然訪れたのだから、「何事か」と身構えるのは当然のことで、マツダでは貴島を筆頭に七人もの技術者が応対した。

トヨタの代表は多田哲哉と名乗り、「トヨタスポーツグループマネージャー」の名刺を配った。にこやかな笑顔を浮かべていたが、その多田は実のところ、切羽詰まっていた。多田が「スポーツカーを復活せよ」という指示を受けて一年半が経ったが、彼は二つの新たな壁に突き当たっていた。

ひとつは、富士重工と共同で開発しているスポーツカーの試作である。富士重工が「台車」と呼ぶ原型試作車は予想以上の軽快な走りを見せた。だが、馬力、燃費、デザインと数多くの課題を抱えている。馬力や燃費を改善するためには新エンジンを開発すればいいのだろうが、それはエンジン部門の猛反対を受けていた。

それ以上に大きな二つ目の壁は、どう試算しても儲かるスポーツカーにはならないことだった。あれこれ工夫して企画を立てて計算してみるのだが、開発課題を解決するには新しい部品をたくさん作らざるを得ない。大衆車のように売れるわけではないので、結局、「赤字」という結論にたどり着くのである。

カネをかければどんな車も作ることができる。だが、採算を度外視した工業製品作りが許されるわけがない。言い換えれば、良品とカネ、二つの相反する縛りを乗り越えるのが車作りの難しさと醍醐味である。

いまの多田には、その打開策を相談する相手が社内にいなかった。トヨタは一九九九年に発売を始めたMR－Sを最後にスポーツカーの開発をやめていたからだ。その一方で、開発を続行するか否かを決める役員会や原価企画会議の日が迫っている。この段階で泡のように消えてしまう企画が山のようにあるのだ。ジリジリするような焦燥感が這い上がってくるのを多田は覚えていた。

そのとき、貴島のことが思い浮かんだのだった。

——マツダはロードスターを三代も作り続け、二〇〇七年一月末には生産累計八十万台を達成している。価格も二百五十万円くらいと安い。どうしてそんなことができるのだろう。ロードスターは大きくても排気量二〇〇〇ccぐらいで、多田が作ろうとしていた小型車に近いサイズだった。FR車というところも同じだ。

(たぶん、マツダでは役員たちが「赤字でもいいから作れ」と許してくれているのだろう、スポーツカーは儲からないが、マツダブランドに貢献しているとか、そんな言い訳を役員が理解してくれているのではないか)

そんな想像を抱いて、多田は広島の本社まで貴島を訪ねてきたのだった。

会議室で向かい合った貴島は、多田の話を黙って聞いていた。

「スポーツカー作りは、いろいろ工夫しても役員たちが満足する基準に達しないのです。ですから、いくら提案しても役員会で落ちてしまう。それがどうしてマツダでは落ちないのか。いかに経営承認を得てスポーツカーを作れるのですか」

要するに、スポーツカーの企画を社内で通すにはどうすればいいのか、というのである。企業規模から言えば、トヨタグループは二〇〇七年の世界販売台数が首位のＧＭグループに迫る八百三十万台（シェア十二・六七％）、マツダは百二十二万台（同一・八七％）に過ぎない。大会社のメンツを捨てた、ざっくばらんな質問に、貴島はびっくりした。

——えっ、そんなことを聞くのか。

ひと通り多田の話を聞くと、貴島はさらりと言った。多田よりも八つ年上の五十九歳で、翌年に定年を控えて達観したところがある。

「多田さん、スポーツカーの担当になったそうですね。嬉しいですか」

「もちろん嬉しいです」

「あなたはたぶん、スポーツカーで儲ける企画を作るのに苦労してるんでしょう。でもね、ものすごく苦労しないと、スポーツカーを黒字にすることなんてできやしません。だからスポーツカーは、担当になって喜ぶようなものじゃない。普通の車の倍以上は苦労するんですよ。それを楽しいと言っている根性だったら、スポーツカー担当なんてやらない方がいいですよ」

今度は多田が驚いた。

——よその会社の人間にいきなり、よくそんなことを言うな。こりゃあ、むちゃくちゃ面白い人だ。

貴島は徳島市の時計修理屋の長男である。足が不自由だった父親のそばで、小さいころから歯車やバネ、時計修理の道具で遊び、その道具で車の模型を作っていた。

きょうだいが四人、家は貧しくて大学進学を早々にあきらめ、一九六七年に徳島県立徳島東工業高校（現・県立徳島科学技術高校）機械科を卒業すると、教師の強い勧めでマツダの前身である東洋工業に入社している。

高卒入社という点では、富士重工の技術開発部主査・賚寛海に似た経歴である。賚は多田とスポーツカーの共同開発を目指す陽気なリーダーだが、賚が望んで富士重工に入ったのに対し、貴島には大阪以東の都会に出たいという願いがあり、できればトヨタか建設機械のコマツに入りたいと思っていた。人生の歯車がひとつ狂っていれば、目の前の多田の上司であったかもしれないのである。

広島、それも河童を意味する猿猴川沿いに都会の香りはない。マツダから内定通知の電報を受け取った貴島はがっかりした。そんな純朴な青年を、会社は厳しく鍛え上げた。

もともと機械いじりが大好きで、自動車の構造も高校時代にわかっていたから、入社したときから図面がすべて理解できた。初めは設計部シャシー設計課で足回りの技術開発に携わり、博士号を持つ先輩たちに徹底的に教え込まれている。続いて車両設計部に移り、一九九二年からずっとスポーツカー担当主査を務めてきた。

そのため、多田の悩み、とりわけスポーツカー開発で採算を取る苦しみは手に取るように理解できた。貴島は諭すように言った。

「多田さん、スポーツカーは儲かりますよ。もちろんロードスターは赤字で売ったりしません。儲かってなければマツダのような弱小企業じゃやっていけませんから」

「ええっ！　どうして儲かるんですか」

「そりゃ儲かるように作ってますから。儲からない車をビジネスで発売するということには絶対ならんからね。値段が取れないスポーツカーは、そもそも企画としてはだめだと思う」

多田は声もなかった。それから貴島は長い説明を始めた。

「マツダは知恵で乗り切らなきゃいかん会社なんです。うちはスポーツカー専用の組み立てラインなんか持っていない。生産ラインに特別な投資をせずに、今あるラインで組めるように工夫している。例えば、デミオという二百万円で作れば儲かる車のラインに、三百万円以上のロードスターを流すんです。一分二十秒でロードスターもデミオも一台出てくる。ラインの占有時間も組立費用も同じ。もちろん部品はそれぞれ違うし、かたやクローズドのルーフで、一方はオープンカーで幌をくっつける。

できるんです。どうしたら効率的に、そして儲かるように作るかを考えるのがエンジニアの使命ですよ。僕らはひとつの車種の社長みたいなもので、全部責任を持たされますからね」

その口調は少しずつ、説教の色合いを帯びてくる。

「そもそもスポーツカーは経営陣を味方につけないとだめですよ。スポーツカーをよく知らない社内の大多数は、たとえるなら盆栽を見て、『この小さな木からは材木が取れないからダメだ』と言う。彼らに盆栽の価値と材木の価値は違うことを理解させなければならないが、それは簡単ではない。やはり強力なパトロンが必要です。僕らは、三代目のロードスターを開発するとき、フォードの重役陣の好きものを味方につけましたよ」

マツダは経営不振に陥った一九七九年からフォードと資本提携し、フォードの持ち株比率が三三・四%に達した九六年からは十二年間、その傘下にあった。貴島は「フォードの技術系役員は決断が早く的確だった」と回想した後、冗談を飛ばした。

「フォードはトップはいいが、エンジニアはだめらしいね。彼らはフォード本社に戻ると、みんなイライラするらしいよ」

多田は目を白黒させて聞いている。貴島は四時間近くをかけ、多田が不思議に思うほど饒《じょう》舌《ぜつ》に、マツダの内情と車作りの心得を話して聞かせた。

手の内を隠し合う競争相手であっても、同じ悩みを抱える技術屋じゃないか、と貴島は思っていた。それにこんな考えが彼の頭の中を占めていた。

――いまはマツダだけが頑張ってスポーツカーを作っている。でも孤高のままではだめだ。「いまはスポーツカーの時代じゃないね」と世の中に思われるようではだめなのだ。その市場にトヨタが乗り出して、スポーツ市場が賑わったらいいじゃないか。トヨタは一流なんだから、きっと市場は活性化するだろう。市場が膨れてくれれば、次にはプロダクトの勝負になる。

魅力あるものを作って、トヨタに勝てばいいのだ。

それから貴島は、「これは大事なことだから」と厳しい顔を作って、多田に釘を刺した。

「スポーツカーの開発は一度始めたら絶対やめちゃいけませんよ。会社の業績によって作ったりやめたりなんて、やっちゃあいかん。不景気になったら真っ先に切られるのは赤字の車だ。スポーツカーを赤字で売ってたら、真っ先にやめてしまうことになる。現にトヨタはそうだったじゃないですか。業績が悪かったり、世の中の景気が悪かったりするときは当然ある。そこでいかに努力して継続するかだ。

いまはあなたのところでも、豊田章男さんというスポーツカー好きがいるらしいから、一年ぐらいなら赤字でも作れるかもしれない。だけど絶対に続かない。また何か波が来たらやめることになる。それは一番あなたのところのスポーツカーファンを裏切ることだよ」

海外には、スポーツカーの生産をやめないメーカーがある。もちろん規模は縮小したりするが、ポルシェやフェラーリは、どんなに不景気なときもずっと続けているからブランドとして光り輝いている。トヨタが大衆車メーカーだと言われるのはつまり、そういうことなのだ、と多田は思った。

——調子のいいときはスポーツカーをバンバン作って、景気が悪くなったらやめる、ということをずっと繰り返している。

多田は甘さを突かれたような気がして、何も言えなかった。ぐうの音も出なかったのだ。貴島はもっと丁寧に言ったはずだが、多田の心にはこんな言葉として残っている。

「そういう覚悟がない奴がスポーツカー作るなんて、ちゃんちゃらおかしい。それくらいなら、最初からやめてしまえ」

三　開発コード０８６Ａ

「番号は取ってきたのか?」

多田がにらんだ。トヨタの技本六階、大部屋の車両企画部の一角である。

「いやあ」

声をかけられた今井は、「いま忙しいんで」とわけのわからないことを言って、なかなか腰を上げなかった。

スポーツグループは、グループマネージャーの多田と今井の二人だけのチームだったのだが、今では、次長級の主査一人、課長級の主幹二人が加わって計五人の陣容である。ただ、主任の今井は相変わらず一番年下なので、こうした用事を言いつけられる。

多田の言う番号とは、開発コードネームのことである。

それは社内のごく一部とサプライヤーだけに通じる機密事項で、社内に管理している部署がある。新車の正式な名前は発売の一年ほど前に社長や営業部門と話し合って決めるのだが、開発段階では管理部署にコード番号を申請して、その開発番号で呼び合いながら作業を進めるのである。

役員らが出席する二度目の商品企画会議が、二〇〇八年十月二十六日に予定されていた。「ショウキカイ」と呼ばれるその席に、スポーツカー復活プロジェクトの具体案を正式提案し、承認を得なければならない。多田はこの会議に備えて、そろそろ開発コードを取っておかなければならないと考えていた。

ところが、今井は何度急かされても開発番号を申請してこないのである。

「とっとと取ってこんかい！　開発が進んでるのに」

多田の声が荒くなった。それでも今井はぐずぐずしている。

広島で面談したマツダの開発主査・貴島孝雄は、こだわりの強い人を揃えなさい、という趣旨の話を多田に語って聞かせた。

「楽しいといった、言葉や数字で説明し難い車を作るときは、ひとりひとりがこだわらないといけません。それだけのこだわりをもった人材を揃えられるかが、カギだと思う。サプライヤーにも車好きの人がいないとできません」と。

——確かに今井はこだわりの塊のような男だがなあ……。

と多田はため息をついた。今井は広島出張には連れて行かなかったのだ。

梅雨の初め、マツダの会議室で貴島はこう言ったものだ。

「僕らのロードスターは限界性能を追いかけていない。以前作っていたRX－7は限界を突き詰めていたが、ロードスターはその対極にある楽しさを追求するスポーツカーです。車の楽しさはトータルバランスで決まるものだと思いますよ。それは、エンジンやシャシーといったエンジニアリング要素だけではなく、内装デザイン、ステアリングの握り径といった、人間の五感に訴えるところ、全てですよ」

限界性能を追いかけた車に、かつてのトヨタ・スープラや日産のGT－Rがあり、特にGT－Rは前年の二〇〇七年十二月に発売され、高価だが同性能の外国車に比べれば半値ぐらいで、若者の人気を集めていた。しかし、多田はそれとは真逆の、速くないスポーツカーを作ろうとしていた。それを貴島は「楽しい車」と表現した。

では、どうやって楽しさを顧客に体感させるのか。エンジニアは楽しさをどうつかみ、共有していくのか。そんな多田たちの哲学的な質問に、貴島は続けた。

「それは車に人を乗せるしかないです。いろんな車に乗せてやって、その人が楽しいと思う車であれば、車からなかなか降りてこないのでよくわかります。こうして作ったロードスターが二〇〇三年の独誌が選ぶ『MOST FUN CAR』でほぼ十倍の値段がするポルシェGT3を抑えてトップになった。楽しさはパワーではないことを証明できたと思っています。馬力とかコーナリングの性能や燃費は関係ない。乗って楽しいか、また乗りたいなと思う車を作れるかどうかだ」

貴島の語ったことの多くは、Zの先輩たちに教えられたことである。多田の師匠だった都築功はこう話して聞かせた。

「いくら性能のいい車を作っても、幹部に『この車は乗り降りしにくい。クレームが付くぞ』と言われたら、車体の低い車はできない。すると、スポーツカーとしての美質がどんどん削られ、できあがりはカローラとかこれまでの車に毛が生えたようなものになる。『スポーツカーなんて乗ったことがない。大嫌いじゃ』という幹部がトヨタの多くの部署にいるんだ。そういう人にスポーツカーを理解してもらうのが大事だ。技術屋でも、技術だけで尖った人間だけになってはだめなんだぞ」

そして、都築は「仕事は楽しくやれ」と多田たちを励ました。

「かつてない車を作っている、私たちがトヨタで初めての車を出すんだという思いが、自分を前向きにしてくれるんだ」

だが、今までにないものを創造するのは、やはり苦しくてしかたない。そんなときに、スポーツカー作りに十六年間を捧げた貴島が同じように苦しんでいたということを知った。その小さな発見は多田をホッとさせ、多くの示唆を与えてくれた。

「多田さん、頑張ってスポーツカーを出してください」

別れ際に貴島からかけられた一言は、思いがけず胸に沁みた。

しかし、トヨタで「カギを握る」はずの今井は、多田の言うことをそのまま聞くような技術者でもなかった。

今井は多田に指示されるとすぐに、開発コードを取りに行っていたのである。コードは三桁の番号とアルファベットの組み合わせで、試作車の申請があれば機械的に割り振っていく。自分の好きな番号を選ぶわけにはいかない。そうしないと機密を保てないという事情もある。

ところが、今井は窓口で、管理台帳の開発番号が「０７８Ａ」まで埋まっているのを見た。

――あっ、近いな。

と思った。（これなら、しばらく待っていれば、「８６」が取れるじゃん）

今井は、「新たなスポーツカー開発はハチロク復活から始まる」と考えている。すでに記したが、ハチロクとは一九八七年に生産を終了したトヨタのスプリンタートレノと、姉妹車のカローラレビンのことである。ＡＥ86という型式番号からハチロクの愛称で呼ばれ、今井の愛車でもあった。

彼は考えた。

――番号はどんどん埋まっていく。でも担当者に融通をきかせてもらえれば、象徴的な開発番号が手に入るかもしれない。

それで管理の担当者に言った。

「ハチロクにしてもらえませんか。０８６Ａを取っておいてもらいたいんです」

「えっ……まあいいよ」

それはトヨタの内規ではあり得ないことだった。だが、その日はどうした風の吹き回しか、あっさりと許してもらえた。

自動車業界は情報戦の場でもあった。これは一九六〇年代の話だが、当時のトヨタ自工の技術担当役員の元には、「情報報告書」という極秘文書が定期的に届けられていた。トヨタの元専務の証言では、その報告書には、ライバル他社の新車開発状況や販売体制が細かく記してあった。そうした情報戦の中に生きるエンジニアたちは、カローラとかプリウスといった名前を出すと情報が漏れる恐れがあるので、発表まで番号で議論しろ、とまで指示してきたのだった。

「ありがとうございます」

今井が頭を下げると、窓口の隣にいた上役がウーンと声を漏らした。

「こういうのが伝説になるんだよなあ」

彼らも今井たちがどんな車を目指していたのか、うすうす知っていたのである。だが、「86」の予約は多田には打ち明けなかった。叱られるからである。

一ヵ月近く経って、086Aの開発番号を取ってチームに戻ると、案の定、多田が大きな声を上げた。

「こんな番号取ってきて！　お前、86なんて番号にしたらバレバレじゃないか。好きなやつが見たら『ハチロク』を作るってわかっちゃうぞ」

これはレッドカードがすぐに来るぞ、と多田は思った。

トヨタのルールは厳しく、日夜、社員のメールをチェックしている部署や監査ツールがある。特に社外へのメールは全部見ているらしい。漏洩の意図がなくても、ルールからはみ出していれば日時と人物を特定して、「レッドカードが出ました。このようなメールが送られています」と部長クラスの上司に警告が来る。

会社がそれに費やすエネルギーは膨大で、「こんなことまでチェックされているのか」と社員が漏らすこともある。だから、086Aの番号が取れたのも奇跡的なことだったのである。

多田はそこで初めて、今井がぐずぐずしていた理由がわかった。その番号が来るまで待っていて、来た瞬間に「はい！」と駆けつけたのか。

——こんなのありか？

多田が眉を吊り上げているのに、今井は「いや、いいんです」と譲らない。そこまで言うならいいか、と思って、

「じゃあ、それでいけ」

と言ってしまった。いい加減なノリだったな、と後で反省したが、今井にとっては、それが多田の口癖だった〈Built by passion.（情熱で作るんだ）〉ということなのだ。

商品企画会議で、開発番号を問題視する声は上がらなかった。

意外なほどあっさりと、「トヨタと富士重工業の特徴を生かしたモデルを共同開発する」という提案が承認された。次は、翌春に予定されている開発目標確認会議である。そこで新スポーツカーの性能を示さなければならなかった。その後に最難関の製品企画会議が待っている。

その目標に向けて、大部屋の隅に陣取っていたスポーツグループは、彼らだけの部屋を与えられ、翌二〇〇九年からZのひとつに再編された。「技術企画統括センター付BRスポーツ企画統括グループ」が正式名称である。

チームを率いる多田は、二年ぶりに再びチーフエンジニアの肩書を与えられた。

「トヨタでは、チーフエンジニアが車の開発を指揮すると聞いているが、グループマネージャーの多田さんにそんな権限があるのか」

そんな声が富士重工から出ていたのだった。

共同開発の指導力に関わることなので、トヨタではわざわざ役員会で、多田のZ復帰を決めている。これでスポーツカー開発について、彼は各部門に対して強い発言力を握ることになった。

そのさなかに、多田は今井を呼んで、異動の内示を言い渡していた。

「今井な、言いにくいんだが、今度拡充されるスポーツ部門で働いてくれないか」

ハチロク開発から外れろというのだ。

「…………」。今井は言葉が出なかった。

「086Aを助けることなんだ。この人事は収益上、とても大事なことだ」

なぜ自分が出ることがハチロクを助けることにつながるのか。何を言っているんだ。茫然《ぼうぜん》として、懇願するような多田のメガネの奥の眼を見つめた。

多田によると、このスポーツカー復活プロジェクトを赤字の泥沼から救うために考え出した結論だという。

彼を動かしたのは、商品企画部の弦本《つるもと》祐一という知恵者である。弦本は手にA3用紙にまとめた提案書を持って来て、多田に説いた。

「ご承知のように、スポーツカーはそもそも儲かりません。しかし、ビジネスを成立させるためには、収支がどこかで合わないといけませんよね。一方で儲からなくても、ブランドとしては強いメッセージを打ち出せるから、会社のイメージは上がります。そこをうまく利用して、普通の車がたくさん売れるような仕組みをBMWやベンツ、アウディは作っています。スポーツカーのイメージをそのまま、一般の車のどこかのグレードにDNAとして受け継がせています」

その話に多田は引き込まれた。マツダの貴島の話にもつながるところがある。ざっくりと言えば、既存の車をスポーティにドレスアップして、いかにもスポーツカーに乗ったような気分にさせる。そして十万円ぐらいで化粧し、三十万円ほど上乗せして売るようなビジネスができないとだめだ、というのである。

「それを含め、スポーツ部門全体で収益を考えればやっていけるのではないでしょうか」

入社十六年目の、タコツボから脱した弦本の考え方に、多田は軽い衝撃を受けた。BMWはMというブランドで、メルセデスはAMGというスポーツシリーズで儲けている。トヨタも付加価値をつけたスポーツタイプ車が売れることはわかっていたから、「カローラ スポーツ」を始め、世界各国でそれぞれ名前をつけたスポーツモデルを売ってきたが、それがバラバラにやってきたのでイメージが訴求できず、価値も思ったほど上がらなかった――弦本の話を多田はそう解釈した。

それを統合し、トヨタ全体の市販系スポーツモデルを開発する部署で収益を上げればいいではないか。

「よし！」と多田が思ったとき、今井の顔が浮かんだ。その部署に自分が信頼できる若いエンジニアを送り込みたかったのである。

今井は蒼ざめて溜息をついている。

――平たく言えば、それはファミリーカーを改造してスポーティカーに仕立てる、スポーツコンバージョン車だ。そこで儲けてプロジェクトを支えてくれ、ということか。

多田は、「086Aを世に出すために」と言うが、なぜ俺が、という気持ちを消すことはできなかった。しかし、心底つらいな、と思っても、「頼めるのはお前しかいないんだよ」と多田に言われると、あっさり泣き落としにかかって流れに任せるのが今井の美質だった。多田のように大声で主張できずに、入社したときから損をしている。

人事部に「車をいじるのが好きですから、ボディ部門でもシャシーでも駆動でも、車に触れるところならいいです」と言ったら、本社から少し離れた愛知県日進市のサービス部に配属されてしまった。「直す方ではなくて開発の方に行きたかったんです」と言ってみたが、変わらなかった。どうしていいかわからず、二年後、「もう辞めます」と宣言して大学院の試験に合格したが、土壇場で会社に残った。それからがひと悶着、そのさなかにシャシー設計部に呼ばれていた。

結局、多田の懇願を受け入れ、今井は別室に移った多田たちのチームを横目に、iQ《アイキュー》というコンパクトカーのスポーツタイプを作り始めた。

彼がいなくなった後、不思議な空気がチームに生まれた。

多田はスポーツカーの名前を新しくつけなければ、と思っていたのだが、変な感じだけれども数字だけの名のスポーツカーもありだな、とだれもが思うようになっていた。

毎日のように「ハチロク」と口にしていたからだ。海外のメーカーには番号だけの名前の車もある。ベンツはEクラスやAクラスと名づけているではないか。そう思わせて導くのが、「ハチロク命」の今井の狙いだったのか、と多田は考えた。

しかし、彼を新しいスポーツカービジネス部門に出して稼いでもらうことで、多田を悩まし続ける二つの壁のうち赤字問題はなんとか切り抜けられそうだ。残るのは、肝心のエンジン性能である。

第五章　くたびれたホワイトナイト

一　虎の子の新技術

エンジン棟は多田たちの技術本館からテストコースをはさんで十分ほどの所に建っている。研究施設を備えたその棟はエンジン屋たちの城だ。

スポーツカー復活プロジェクトは、いまある技術を活用するところから出発している。たまたまトヨタが富士重工の大株主になったことから共同開発の道を選び、水平対向エンジンで試作車を作ったが、それだけでは満足な性能が望めないことがわかってきた。

馬力や性能を上げようとすれば燃費はガタ落ちし、燃費を上げようとすればパワーが出ない。スポーツカーも馬力と環境性能を両立することが求められる時代に入っている。つまり、パワーとエコだ。これを両立しなければユーザーの驚きは得られないし、発売すらできないだろう。

――一体どうしたらいいのか。エンジンを作り変えるしかないのか。

藁をもつかむ思いで、多田はその日もエンジン棟の技術者の席を訪ねていた。

「性能が高くて燃費がいい、そんな調子のいいものができないもんかね」

すると、技術者のひとりがこんな話をした。

「うちで開発した直噴技術、D－4S（Direct Injection 4-Stroke）というんだけどね、量産できる目途がついたんだ。あれはいいよ」

それはエンジンプロジェクト推進部など複数のエンジン開発部署が力を合わせた新技術だった。突っ込んで尋ねていると、エンジン技術開発アドバイザーの岡本高光や新技術担当の大谷元希らが現れた。技術者たちの口調は自慢気だった。

「あれは次に出すレクサスGSに搭載するようだよ」

ちなみに大谷はその後、エンジン制御システム要素設計室長に就いて、新型スポーツカーのエンジン開発担当を務める。

直噴、つまりDirect Injectionの原理は広く知られていた。従来のエンジンは、燃焼室に空気と燃料を混ぜた状態の気体を入れ、点火プラグの火花で爆発させた圧力で推進力を得る。これに対し、直噴エンジンは、燃焼室に空気と燃料をそれぞれ直接送り込み、燃焼室内で混ぜ合わせる仕組みだ。大きなパワーを得られ、低燃費を実現できるので、世界中のメーカーが手掛けたが、燃料に不純物が混じるとすぐに故障したり、エンジン内部に燃えカスが発生したりするトラブルが続いて、定着しなかった。

ところが、トヨタのエンジン部門はこうした問題を解決しただけでなく、量産化してレクサスというトヨタの最高級ブランド車に載せ、開発にかけた費用を回収しようとしていた。

「それって……」。多田は勢い込んで岡本たちに尋ねた。

「富士重工の水平対向エンジンにつけたらどうなるの？」

「そりゃあ、いまとは別世界のものになるんじゃないか。Ｄ－４ＳのＳはスペシャルとか進化という意味だもの。ストイキオメトリー（理論空燃比）のＳでもあるし、いろんな意味で第二世代の技術だな」

「おお！」

闇夜に灯火《ともしび》とはこのことだ。多田は小躍りした。さらに聞いてみた。

「水平対向エンジンを使って、リッター百馬力を出せますか？」

一リッター（一〇〇〇cc）あたりの出力が百馬力、それが高性能スポーツエンジンの証《あか》しなのである。

「うーん」。岡本たちは考え込んで、「シミュレーションをしてみるよ」と返事した。

多田は二〇〇〇ccのスポーツカーを作ろうとしていたから、二百馬力が必要だ。排気量をでかくすれば馬力は出る。かつての米車は大排気量で馬力を稼いだが、それでは燃費も悪いし、日本のエンジニアは限られた排気量の中で、高燃費と環境性能を達成する目標を掲げていた。

――最新のＤ－４Ｓ技術でリッター百馬力を達成すりゃあ、これはアピールできるな。

わからないことや困ったことが起きても心配しない――そうした楽天性は、都築から教わって身につけたことだ。師匠は多田に四つのことを教えた。

ひとつは、知らないことがあっても、むしろ当たり前だと考えろ。

「車のすべての分野に精通しているオールマイティのCEなんかいないんだ。だから、自分の得意分野をひとつ持ち、あとは専門部署と話ができるレベルまでその都度、必死に勉強すればいい」

二つ目の教えは「即決のススメ」である。

「設計や評価部署が右か左かと相談に来たら、その場で即断即決し、彼らの背中を押してやることだ。判断材料が足らないから、と宿題を出すようではCE失格だ。後になって間違っていることに気づいたら、その時に訂正すればいいじゃないか」

三つ目は「約束と日程は絶対に守らなければならない」。ここでいう日程とは、車の開発日程のことである。

そして四つ目が、トヨタグループの最新技術のリサーチを怠るな、というのである。

「いま現場は何をやってるのか」と社内をくまなく聞き歩き、一番面白そうな技術を集めて車を作る。CEは自分で図面を書いたりするわけではない。それらを組み合わせればこういう車になるはずだ、という技術を見つけ、関係部署を引き寄せていくことだ。

いまスポーツカー復活を急ぐ多田には、これが一番大事な教えだった。彼は社内を歩き、虎の子の最新技術を見つけたのである。

後日、エンジン棟に行くと、岡本や大谷らがシミュレーション結果を持ってきた。

「例の課題を達成するには、やっぱりD－4Sを使うしかないね。そしてもうひとつ、ボア（ピストンの内径）とストロークの話だけど」

と説明を始めた。要約すると、こんな話である。

――エンジンはピストンが上下して動く。エンジンの排気量は、そのピストンのボアを大きくすれば増える。一方、ピストンの上下のストロークを増やすほど燃費が上がるが、エンジンの回転数を上げることが難しくなって馬力が出ない。

だから同じ一〇〇〇ccでも、細い径のピストンでたくさん上下動をさせるのか、でかい内径のピストンで短くストロークを動かすのか、このボアとストローク量でエンジンの性格は変わってくる。

「多田さん、この加減を適切に設定しないといいエンジンができないのはわかるよな。じゃあ、ボアとストロークの適切な値は一体いくつか。その値がいつも議論になるんだ。うちの試算では、スポーツエンジンとしてD－4Sをつけて理想的なものは……直径とストロークがまったく同じのをスクエアエンジンというんだが、それにすれば、燃費と性能が一番いいとこで両立できるよ」

そして、こう続けた。

「いま、あんたが使ってるスバルのエンジンはショートストロークといって、径がでかくて、前後のストロークがすごく短い。だからいくらチューニングしてもだめだ。ここから全部直さないと難しい」

逆に言えば、富士重工の水平対向エンジンの内径とストロークを見直し、D－4Sという直噴ユニットをつければいけるかもしれない、ということだ。

多田はずばりと聞いた。

「じゃあ、ピストンの径をいくつにして、ストロークを何ミリにすればいいの？」

「ピストン径は八十六ミリだ。ストロークも八十六ミリにするんだね」

多田は「えー！」と声を上げた。

「ハチロク！　ハチロクじゃないか、なんだそれ」

それはまったくの偶然にすぎない。彼はそのとき、技術部門の説明をすべて理解していたわけではなかったが、「もうこれでいくしかねぇな」とつぶやいていた。

――これは神のお告げだ。よしエンジンを新しく作り直そう。

そう考えて、打ち合わせのため、富士重工に勇躍乗り込んだ。ところが、協議は散々な結果に終わった。富士重工の役員が「とんでもない。あの技術だけはうちではやらない」と言い出した。彼らにはかつて直噴技術を研究して散々な目にあったという苦い経験があるらしい。

「トヨタは絶対の自信を持っています。大丈夫です」

「直噴はいかん。私の目が黒いうちにはやらせません」

いくら説得しても、聞く耳を持たなかった。頭を抱えてトヨタに戻ると、幹部たちが「約束が違う」と怒っていた。

「最初の企画は、在りものを使って、ササッと作るというからオーケーを出してやったのに、エンジンを作り直すって正気なのか」

しかも、前述のように多田が使おうとしているのは、レクサスGSに使おうと進めていたものだった。できれば、トヨタを代表する車でお披露目し、自分たちの技術力を高らかに示したいのだ。また、儲かる車に搭載することで費やした膨大な開発費を回収したいという意図もあった。それなのにトヨタエンジン制御の要ともいえる技術とノウハウを、富士重工に公開するなんて、「何をとち狂ったこと言ってるんだ」というのだった。

「他社とのプロジェクトに使うとは、カネのことはさておいても許せない」と怒り狂った幹部もいた。

二　エンジンの親分

多田の卓上の電話が鳴った。

新技術の導入をめぐって、にっちもさっちもいかないで考え込んでいるときだった。エンジン部門を取り仕切る専務・小吹信三《こぶきしんぞう》の秘書からだ。

「専務がお会いしたいと言っています。時間調整をお願いします」

――ああ、まずい。とうとうエンジンの親分まで伝わった。これはただではすまないな。

多田は怒鳴りつけられる、と思った。小吹はエンジン部門から常務、専務と昇格しており、彼をうんと言わせないとエンジンはできないと言われていた。

コストにも厳しい。二〇〇八年春に新聞紙上で「ガソリンの燃費改善のカギは直噴化だろう」とも語っている。周囲のだれもが、

「エンジンの親分がこのプロジェクトを認めてくれるわけないじゃん」

と言っていた。多田はびくびくしながら、小吹の部屋に向かった。

新直噴技術、D-4Sをめぐって、役員やエンジン部門の幹部と悶着を起こしているので、その件で叱られるなと思いながらエンジン棟の役員室に入った。

「お前はうちのD-4Sを、富士重工の水平対向エンジンと組み合わせたいと言っているらしいな」

それが第一声だった。小吹は一九五〇年生まれ、団塊の世代から少し遅れた世代で、小柄で角ばった顔のエンジン屋、つまりエンジン開発一筋に歩いて出世を果たした技術者であった。

エンジン部の仲間に聞くと、

「小吹さんの家の前を通ると、いつも草むしりをしている。そんな人だよ」

と言う。それはわが庭に草一本許さない、実直で頑固一徹といったイメージを想起させ、付き合いのない多田の不安をかきたてた。

「はあ、それは……」。多田は小吹の前でかしこまって、新しいスポーツカーにD－4Sを載せれば理想的であること、シミュレーションでも予測できること、それでエンジン部門の反対にあっていることを告げた。すると、

「お前の言う通りだ」

思いもよらない言葉が返ってきた。

「スポーツカーで馬力と燃費、環境技術を両立させるなんて夢みたいなことは、この技術を使うしかない。それは俺もそう思う」

多田は驚いて、小吹の顔をじっと見た。

「いまの時代でそんなものを作ろうとしたら、確かに在りもののエンジンなんかではだめだ。スポーツカーのエンジンには直噴化の技術を使うしかない」

一番の難敵だと思われた役員である。「あの人は、絶対にうんと言わない」とささやかれていた男の言葉だったから、狐につままれた思いで、「どうして、その……」と尋ねた。

——なんでそんなに優しいんですか。

と言いたかったのだ。

「実は、俺も若いころ、スポーツカーのエンジンを設計してみたんだ。4A－Gを知っているな」

と、小吹は語り始めた。

4A－Gはトヨタが、高度なエンジン技術を誇るヤマハ発動機と作り上げた伝説的なスポーツエンジンだった。それは一九八三年発売のハチロク——つまり、スプリンタートレノと姉妹車カローラレビンに搭載されている。もちろん多田は知っていた。サラリーマンが買えるような値段で、当時の最新技術を詰め込んだ名エンジンだったと言われている。

その設計担当チームに三十代の小吹がいた。多田の目の前にいるのは、ハチロクの心臓を作った男のひとりだったのである。

「だから、お前の言ってることはよくわかる。しかし、カネのことまで俺は知らんからな。それはお前が何とかしろ」

前にも触れたが、トヨタが新直噴技術をD－4Sとして結実させるまでには膨大な時間と資金を投入している。トヨタや三菱自動車工業などは十年以上も前からこの技術の商品化を急いでおり、そのころから業界関係者は「CO_2の排出削減と燃費向上に有効な次世代ユニット」と言って注目していた。

「ガソリンの直噴化エンジンというのは、内燃機関の百年の歴史から見て非常に大きな技術的バリア（壁）であって、それを乗り越えるためにはきちっとしたエンジンを開発し、アメリカでもヨーロッパでも通用する直噴エンジンを着実に製品化していかなければいけないと頑張っています」

これはトヨタでエンジン開発を担当していた取締役の冨田務（のちに常務）が一九九七年秋に語った言葉である。

D－4Sはそうした構想に基づいて、小吹らの指揮の下で量産化の後、レクサスに搭載されて欧米市場に登場する予定だった。小吹は膨大な資金が投下されているのだから、その投資をさほど儲からないスポーツカーでどう回収するのか、お前が考えて社内調整を図れ、と言ったのである。

多田はさらに、協業をめぐる窮状を率直に小吹に訴えた。富士重工が新直噴技術を受け入れようとしないことも。すると、親分が言った。

「そうか。じゃあ俺が富士重工の役員に話してやる」

もともと、小吹は富士重工の群馬製作所やエンジン工場、栃木県佐野市のテストコースを訪れ、同社とトヨタとの車作りについて協議を続けてきた。幹部にも面識があり、説得にも自信があったのだろう。

それから事態が動き始めた。エンジンの親分の同意を取りつけたことは、トヨタでは水戸黄門の印籠を手に入れたようなものだ。それはD－4S搭載の新エンジン開発が許されたことを意味した。

初めにスポーツカーの復活を提案した商品企画部幹部は、その話を聞かされてびっくりした。トヨタが富士重工に新噴射技術を開示したうえ、水平対向エンジンを土台にエンジンを作り直すのだ。

「うまくいくのか」と危惧するのも当然だった。

約束通りに、小吹は二〇〇八年七月二十一日、名古屋で富士重工側と直噴化の導入を話し合った。相手は、常務でスバル商品企画本部長だった武藤直人とスバル技術本部長の常務・馬渕晃である。

しかし、結果は思わしくなかった。小吹は不思議に思ったらしく、多田に聞いてきた。

「富士重工にとってもいい話なのに、彼らはなぜ頑《かたく》なにいやがるんだ?」

「直噴技術では失敗体験があるようで、飛びつくとひどい目にあうと思っているようです」

「そうか、わかった。このままではらちが明かないから、俺が説得するよ」

そんな説明を受けた後、小吹は九月四日、多田を伴って再び武藤、馬渕の両常務と話しあった。富士重工側は、「いまは問題がなくても、これからどんなトラブルが起きるかわからない」という趣旨の話を繰り返した。

「もしも何かあった場合、技術的なサポートはトヨタで責任を持ちますよ」

「しかし、ここはスバルの技術でやりたいのです」

とはいえ、富士重工のエンジン開発担当者たちも自主開発の壁にぶつかって頭を抱えていたのだ。エンジン担当の主査・桑野真幸《まさゆき》は、「リッター百馬力、二〇〇〇ccで二百馬力を達成せよなんて、一体どうやってそんな高出力エンジンにしたらいいんだ」と悩んでいた。だが、武藤らはそんな内輪の不安や弱みなど微塵も見せなかった。

そして、またも「使え」「使わない」と堂々めぐりに陥り、最後に小吹が二人に怒声を浴びせた。

「何を言っているんだ！」

怒髪衝天の権幕で、同席した多田は肝が縮み上がった。

――大株主になったとはいえ、よその会社の人にこんなこと言っていいのか。

罵声が響く一室で、多田はそう思った。

これは言葉の通りではないが、ふざけたこと言ってるんじゃないよ、うちの技術を分かりもしない癖にぐちゃぐちゃ言って――とまあ、そんな激しい調子だったようだ。

それでも彼らは引かなかったが、小吹の怒りの勢いに押されて、結局、トヨタの直噴技術を使って試作エンジンを作ることで何とか収まった。これ以上、ごたごた言い合っていてもしょうがない。とにかく一回作ってみよう、というわけだ。

記録の上では、トヨタが群馬県太田市に技術を持って行き、富士重工はそこで、二〇〇〇ccで出力二百馬力という性能の水平対向エンジンを作る――。そんなことが両社の会談で決まったことになった。

今度のスポーツカーは運に恵まれている、と多田は思った。毎回危機的な場面になると、白馬にまたがって、ちょっとくたびれたホワイトナイトが現れる。懸案のD－4S開発費の問題も、新型スポーツカーとレクサスGSの双方で投資回収をすることで決着した。

三　やってやろうじゃないか

二〇〇九年一月、多田は開発関連の部署に指示書と呼ばれる文書を配布した。それは〈086A　チーフエンジニアから〉という表題の後に、こう始まっていた。

〈日本の自動車産業が成熟して多様化するなか、スポーツカー作りは次々と生産中止になり、トヨタもMR－Sの生産を終えたことで、スポーツの歴史は一時的に途絶えることになりました。

その一方で若者を中心にした車離れの傾向はさまざまな新コンセプト車を投入するもいっこうに止まらず、車の未来はまさにもう一度、ユーザーの夢や憧れが車に戻ってくることにかかっていると思います〉

それは、「こんな車を俺は作るぞ」という社内に向けた宣言文であり、その後に詳述する開発構想に引き込むための序文のようなものだった。そして、スポーツカー開発をめぐり、彼がトヨタの開発陣に下す初めての指示書類でもあった。

常務の河上清峯から「スポーツカーを復活せよ」という指示を受けて丸二年、世界経済がリーマンショックに揺れるなかで、いよいよ新型スポーツカーの心臓部を作るときを迎えていた。

トヨタでチーフエンジニアが配布する指示書には、AとBの二通りがある。

「指示書A」は新車開発がスタートしたことや関係部署の役割、開発日程を知らせるためのもので、機密性が高い。コピーができない茶色っぽい用紙に印字されているので、「茶紙」とも呼ばれていた。これに対し、B文書は車を開発しているさなかに回ってくる普通の指示書である。

多田が配布したのはA4判の「指示書A」で、チーフエンジニアの創意や熱量を示す特別なものだった。彼は「それに魂を込めた」と周囲に宣言し、その中で社内世論を意識した新エンジン作りを提唱したから、少なからぬ波紋を関係者に広げた。

〝宣言文〟はこう続いている。

〈スポーツモデルの成功を左右するのは車を運転する楽しさを極限まで追求するのはもちろん、時代のニーズである環境に応えるとともに、車を買ってからの新たな楽しみ方を提供することだと確信しています。

トヨタのコンパクトスポーツの歴史を振り返ると、ヨタハチ（スポーツ８００）やハチロクといった、今も熱烈な支持を受ける名車があり、復活させて欲しいとの声もよく耳にします。この古き良き時代の心を受け継ぎ、最新のテクノロジーを使って、新時代のニーズに応えるスポーツとは何なのか〉

多田が工夫し、開発陣をオッと思わせたのはこの後だ。彼は次のように訴えていた。

〈こんな車を実現するためのカギは、低重心の水平対向エンジンをＤ‐４Ｓ直噴化して、高性能と燃費、さらには圧倒的に中低速レスポンスを向上させて、世界に唯一、フロントミッドに搭載するパッケージの採用です。水平対向エンジン＋ＦＲレイアウトがもたらす、低く美しくスポーティなスタイルを極めつつ、慣性モーメントはフェラーリなどのスーパースポーツの領域に届いています。水平対向エンジンを積んだＦＲ車がなぜできないのか、こんなため息は世界中のスポーツカーユーザーの悲願だと思います〉

水平対向エンジンは、富士重工自慢のエンジンである。一方のＤ‐４Ｓ直噴化技術はトヨタが開発した新技術だ。

事情を知らない者は、両社のエンジニアが手を携えて開発を目指している図を想像しただろうが、実はそうではない。両社の技術統合はまだ構想段階なのである。

新型スポーツカーは「０８６Ａ」の開発番号が与えられている。番号からしても、「新ハチロク」を作ろうとしているのは明白だ。その車に、水平対向エンジンを積んだ、小型FR車を共同開発するということは、トヨタ技術陣の合意事項である。

だが、それにD－4Sと呼ばれる新燃料噴射システムを組み合わせることは正式決定に至っていない。四ヵ月後に開かれるトヨタ最難関の製品企画会議でプレゼンして、役員たちの承認を得なければならないのだった。

D－4Sはようやく量産化のメドがついた秘蔵の技術で、エンジン部門の技術者は、そのノウハウを富士重工のような外部にさらすことに対し、いまだに強い不満を抱いていた。一方、プライドの高い富士重工側も受け入れに難色を示している。

だからこそ、ここで指示書に載せることが、多田の作戦なのである。

新技術はチーフエンジニア同士で取り合っている。彼は指示書に「水平対向エンジンとD－4Sを組み合わせた新型スポーツカーを作ろう」と謳《うた》い、いち早く社内の合意を固めようとしていた。もう説いている時期ではなかったからである。

ただし、エンジンの親分が富士重工幹部を折伏した後も、トヨタエンジニアの表情は冴えなかった。面通しを兼ねたミーティングの後、両社で技術交流会を何度も開いたが、トヨタ側のひとりがこう言った。

「図面やユニットを出しますが、この新技術は僕らでも手ごわいので、本当に開発は苦しいですよ。御社でも一発でできるとは思えないし」

不安をぬぐいきれなかったのである。多田はハッとした。富士重工の出席者がムッとしているのがわかった。

——こんな技術を教えてやったって使いこなせるのか、と聞こえただろうな。

彼らは旧中島飛行機以来の伝統ある会社で、強いプライドを抱いて仕事をしている。大株主になったトヨタへの対抗心があり、技術的にトヨタに負けたわけではないという信念があるのだ。富士重工の見知ったエンジニアを見ると、(何を言いやがる) という顔つきである。

その場にいて新エンジン開発を背負った桑野は、心に燃え上がるものを感じていた。

——やってやろうじゃないか。我々の実力をトヨタに見せつけて、ギャフンと言わせたい。

珍しくそう思っていた。

桑野は一九六六年生まれで、東海大学工学部を卒業して勤続二十年、親分肌の技術開発部主査・賚より二つ年下である。こちらは背の伸びた学校の物理教師風で、我の強いスバル技術者の中では稀《まれ》な、にこやかで朴訥《ぼくとつ》な技術者だった。

その彼がトヨタのエンジン担当から「本当に二百馬力出せるの?」とも言われたために、新エンジンを作って何が何でも目標を達成させたいと念じ、歯をかみしめた。

多田の「指示書A」は、トヨタ側が富士重工のエンジニアに火をつけた、そんなときに関係者に配布された。彼は二社の合力がうまくいくように願いを込めて、こんな言葉で指示書を締め括った。

〈このスポーツカープロジェクトは、トヨタが唯一苦手な分野に挑戦することで、将来のトヨタファンのみならず、車自体に興味を失ってしまったユーザーの心をがっちりつかみ、さらにトヨタのブランド価値を高めていくチャレンジの甲斐あるプロジェクトです。関係部署のみなさんとしっかり連携して、熱い思いをこめた新スポーツカー創造を推進したいと思います。この開発自体をとことん楽しんで、わくわくした心を持って挑戦していきましょう〉

一方の桑野には開発を楽しむ余裕はまったくなかった。

イチから新エンジンを仕立てなければならないのだ。本来エンジン開発は一年がかりの難事なのである。しかも富士重工ではこの新エンジンに投入できるエンジニアを数えると、設計や評価担当も含め、十本の指が余るほどしかいない。

賚は「俺たちは殴られながら育った」と言ってはきたが、彼も桑野もそれが昔の話であることをよく知っている。もう徹夜仕事を部下に強いて働かせる時代ではないのだ。残るは、これまでの富士重工の技術を掘り返し、持てるノウハウをすべて注入することだった。

桑野は「エンジン屋一筋」と思われている。だが最初に配属されたのは、工場の生産ラインの生産管理部署だった。一日あたり何台ラインから上がったとか、ミスがなかったとか、そうした事務方に近い仕事だった。それでは入社した甲斐がない。当時は、製作部門から技術部門に移ることはほぼ前例がなかったのだが、「エンジン開発をやらせてくれ」と何度も何度も求めて、ようやく異動が実現したのだった。

そうした一途な気性には、幸運の方からにじり寄ってくるものらしい。

桑野たちの救いは、富士重工の現場ではもともと直噴エンジンを研究しており、技術の蓄積があったことだった。彼自身もそのエンジンを開発したいと願っていた。だが、会社としては環境を見据えたエンジンにシフトし、エンジンパワーを求めるならターボ付きエンジンに任せる、という流れに傾いていた。

ターボエンジンは、多田が開発当初にまとめた五案のうち四番目の「爆発的な馬力があるが、カネがかかるし、技術的にも難しい」という案だ。その流れをトヨタの直噴技術が引き戻した。


着手から五ヵ月後、寒い日の夕方にD－4S付き試作エンジンは組みあがった。桑野たちがひどく疲れ、緊張しているように見えたから、てっきり徹夜でもしたのだろうか、と多田は思った。一発勝負だったので、彼らはドキドキしていただけのことだ。

両社のエンジン屋が見守る中、作業台に備えつけ、稼働させた。すると、一回目のベンチテストで、いきなり目標の二百馬力に近い百九十六馬力を計測した。

「ウオー」という歓声が上がった。だれもが仰天している。

テスターの数値を見ていた者の多くは、（初回だし、どうせだめだろう）と思っていたのだった。だが、回転数が五千を超え、六千回転に達して、七千に届いても全く落ちないので、「あれっ、これ本当に出ちゃうかもしれない」とだれかが漏らしたとたん、百九十六馬力に到達した。トヨタのひとりが、

「うわあ、こりゃ参った。凄いや」

と漏らすと、桑野ら富士重工側の技術者たちに笑顔が広がった。桑野は感動した。目頭から涙がにじみ、一瞬まわりが見えなくなった。みんな喜んでいる。

「いやいや、トヨタさんも大したもんだ。言うだけあって」

そう返す声がスバルエンジニアから起きた。そのとき、両社のエンジニアに一体感が生まれた。

しばらくして、桑野は多田に打ち明けた。

「死にもの狂いだったです、私たちは」

桑野はやがて電気自動車を担当するプロジェクト・ゼネラル・マネージャーに昇格するが、夕暮れのあの瞬間を思い出すと、いまでも胸が熱くなる。

第六章　誰でもいいってわけじゃない

一　プリウスのタイヤ

人が右と言えば左、では左と言えばやっぱり右だ、と唱えるヘソ曲がりがいる。多田哲哉は自身をそう思ったことはないのだが、二〇〇九年五月十九日の製品企画会議を前にして、「新型スポーツカーのタイヤに、プリウスと同じものを使う」と言い出したとき、彼のなかに常人とは違った感覚を見出して驚き、ため息をついた者は少なくなかった。D－4Sつき試作エンジンが組みあがったころのことである。

プリウスは一九九七年から売り出した世界初の量産ハイブリッド車、つまり大衆向けのエコカーだ。タイヤはミシュラン製で、転がり抵抗を減らすために硬く、抵抗係数も抑えて燃費をよくする工夫がしてあった。転がり抵抗は転がり抗力ともいって、物が転がるときに進行方向と逆向きに働く抵抗力のことである。

部下たちは反発した。「エコカーのタイヤをスポーツカーにつけるなんてありえない」というのである。

「ふざけてるんですか。そんなタイヤだったら売れませんよ」

「もっと個性的なタイヤを作りましょう。タイヤはスポーツカーの肝なんだから」

口々に部下たちは言い募った。確かに、タイヤこそが開発の急所なのである。

どんな大きな車もタイヤによって、それもせいぜいハガキ一枚分ぐらいの面積で地面とつながっている。多田に言わせると、技術者は「サスペンションが大事だ」「いやエンジンだ」といろんなことを言うが、タイヤは走りに最も影響を与えるパーツで、特にスポーツカーはタイヤの選択によって車の走行性能がほぼ決まってしまう。

「多田さんの開発方針にも矛盾している」という部下の声もあった。これまでの多田は新型スポーツカーのために、「すべての部品を新たに設計し直し、専用部品を作れ」と指示していたのだ。車のルームミラーにしても、わざわざ縁なしの特注品を装備させようとしていた。「スポーツカーは視界が狭いからルームミラーもそれを考慮したものであるべきだ」と言うのである。部下たちはそのたびに、チーフの多田と手分けして設計部署や部品メーカーを訪ね、説得を重ねてきたのだった。

共同開発相手である富士重工とも論争になった。評判は散々だ。

「えっ！　プリウスのタイヤ？　何を考えているんですか。なんかあっても知りませんよ」

と彼らは言った。ブリヂストン製のポテンザというスポーツタイヤが一世を風靡《ふうび》し、富士重工も試作車にそれを履かせていた。

技術者たちには、「スポーツカーは特別なもので、エコカーとは真逆の存在だ」という思い込みがある。転がり抵抗なんか増えたって、専用タイヤをタイヤメーカーとタイアップして開発し、地面にくっつく力、つまり、グリップ力を上げればコーナーを速く曲がれる――という のが世界中のスポーツカー技術者の常識であり、誇りなのだった。

だから、発売の際には、「うちのスポーツカーは新開発のすごいタイヤを履いている。いままでのタイヤよりも一〇%も速くコーナーを曲がれます」と宣伝してきた。これは後になってからのことだが、一部のカージャーナリストのバッシングも浴びた。「スポーツカーがわかってない。志の低いチーフエンジニアもいるものだ」「プリウスのタイヤをつけるなんて、さすがトヨタだ。こんなところまでケチるのか」といった批判である。

これはとんだ誤解で、プリウスのタイヤはポテンザより値段が高いのである。それでトヨタ社内でも酷評された。

「なにぃ？　わざわざ高いカネをタイヤメーカーに払って、『なんだこれ』とお客さんにけなされるようなものをつけるのか。馬鹿じゃねえのか」

だが、それは多田が考え抜いた末の選択なのである。例のミシュラン製タイヤは、プリウスに採用されたことですっかり「エコタイヤ」というイメージが定着していたが、彼は部下にこんな話をした。

「素人が、いきなり性能の高いレース用タイヤをつけると、失敗したときに危ないんだよ。スピードが上がるほどリスクが増えるよな。そのリスクを少しでも下げ、車が滑るのをコントロールして楽しむために、プリウスタイヤなんだ」

部下たちは、また始まった、といった調子で聞いている。

「レース向けのタイヤはコーナーを速く曲がり、なかなか滑らない。百キロに耐えられるタイヤならば百十キロ出すと滑り始める。一方、プリウスのタイヤは、九十キロぐらいでも滑りだす。それをスピンしたりしないように、いかにうまくコントロールしていくか。それがドライバーの腕であり、運転の楽しみなのはわかるな。

プリウスタイヤなら滑り出しのスピードが低いので、コントロールがしやすい。仮にガードレールにぶつかっても、スピードが低い分だけ、ダメージも少ない。時速十キロの差はひどく大きいわけだ」

「だからな」と多田はつけ加えた。

「お客さんにはこれで最初の一年ぐらい練習して、コントロールができる腕になってから、スポーツタイヤに交換してもらいたいんだよ」

もうひとつ、多田が選んだ理由がある。

スポーツカーは環境と相反するものではない、と彼は信じていた。スポーツカーは軽く作ることができる。軽くて空気抵抗も少ないから燃費のいい車を送り出せるはずなのだ。エンジンも燃焼効率の高いものにしないと馬力が出ないから、燃料を完全に燃やす設計にすれば――残る問題はタイヤの選択である。その点、プリウスタイヤならば燃費にもプラスになり、エコカー全盛の時代に環境と走りが両立するスポーツカーを作った、というメッセージをわかりやすく打ち出すことができる。

それに、スポーツカーは簡単に利益が出ないから、いろんな側面で会社に貢献できることをアピールしないと生産を続けていけないのだ。社内には、儲けにくいスポーツカー開発に懐疑的な役員がいまだにたくさんいる。だが、環境にも配慮しているところを突けば、いままで見向きもしなかった役員も振り向いてくれるかもしれない。

そもそも、役員会では車の細かい性能や仕様を説明する時間は五分ほどしか与えられない。開発構想や採算こそが重要で、車のコーナリングやドリフトのような面倒くさい説明をしても理解しようという幹部はあまりいないのである。会議にはほかにもたくさんの重要案件が持ち込まれるという事情もある。

多田の説明がわかりづらければ、「その開発提案は差し戻しだな」と冷酷に言い渡されるし、下手するとプロジェクトそのものがこけてしまうだろう。

この時期は、多田がZのチーフエンジニアに復帰し、チームの呼称を「ZR」と決めたときと重なっている。すでに記したことだが、レクサスやカローラ、プリウスといった車種ごとに、Zチームは組織されている。プリウス開発チームならば「ZF」、カローラチームは「ZE」、クラウンが「ZS」という部署呼称で呼ばれている。正式には「シンボルマークス（符号）」といって、選抜された技術者集団であることを意味する呼び名でもある。

多田は統括する技術管理部から「どうしますか。希望を出してください」と聞かれ、Ｒａｃｉｎｇに繋がるＲを選んで「ＺＲ」としたのだった。やっともらったシンボルマークをのっけから汚すわけにはいかない、というのが偽らざるところで、プリウスタイヤも会議をすんなり通すために思いついた乾坤一擲の策でもあった。

二　関所を抜けろ

プリウスタイヤをめぐって論争が起きているさなかに、四十六歳の主幹が多田のチームに引き抜かれてきた。

「わかっているだろうが、五月の製品企画会議は大きな関所だ。そこを抜けるために頑張ってくれよ」

多田にそう告げられたのは、野田利明というボディ設計の専門家である。多田は製品企画会議とそれに続く開発作業のために新たな人材を探していた。技術管理部の人事担当者に「経験豊富な右腕が欲しい」と相談し、シャシー設計部やボディ設計部、エンジン部門などに声をかけて、二〇〇九年一月にやってきたのが、この「ボディ屋」である。

ちなみに、シャシーは足回り、つまり、タイヤからサスペンション、ブレーキ、ステアリングといった「曲がる」「止まる」の部分を担当する。ボディは板金の世界で、サスペンションがついているところから上のすべてがボディ屋の担当だ。強度や耐久性、衝突時の備え、ボディ剛性などを考えながら線を引くのが仕事である。

野田は入社二十年でZに抜擢され、それまで北米生産の車を担当する「ZA」という部署にいた。Aはアメリカを意味している。そこでチーフエンジニアの下で、大型セダンのアバロン、2ドアクーペとコンバーチブルのカムリソラーラ、中型SUVのヴェンザを開発していた。

身長百七十五センチ、中学、高校時代に水泳で鍛えた、がっちりした身体つきで、精力が余ったのか、艶々とした額は少し後退気味だが、眉が太く鼻筋が通って南方系の顔立ちである。

上司は彼を高く評価していて、こう多田に言った。

「野田君は優秀なんだけど、ライバルが多くてなかなか昇格させてあげられない。多田さんのところで目立つ仕事をさせて昇格させてくれるのなら、異動させてもいいよ」

エンジニアには異才や奇人が少なくないのだが、野田は不思議なほど律儀でどっしりと落ち着いている。控え目ということもあって、彼を悪く言う人はまずいなかった。

「裏表がなく、真っ直ぐ過ぎて損ばかりしている」と部下のひとりは言い、「私のセンセイです」とひそかに敬愛する後輩もいる。

実家は金沢で琴を作って売る琴屋で、三男坊である。その「野田屋」の屋号は二男が継いだ。琴を習う人が少なくなっていたから、琴屋の経営はじり貧気味で、兄たちに「お前はいいな。実家も関係ないし、三男は好き勝手にやれていいよな」と言われ、気楽に育っている。千葉大学工学部機械工学科で学び、一九八五年に志望通りにトヨタに入社して、ボディ設計部に配属された。

多田と野田には共通していることがある。『カーグラフィック』や『オートスポーツ』など自動車専門誌を読んで育ち、いつかスポーツカーを作りたいと思って入社してきたことだ。一九七〇年代後半に起きたスーパーカーブームを知る幸福な世代でもある。

野田の憧れはＦ１レースだったが、金沢では生のレースを見ることなどできない。千葉大に合格すると、すぐに自動車部に入ってサーキットのピット気分を味わった。最初にめぐりあった車は、トヨタが「日本初のスペシャリティカー」と宣伝したセリカだった。その車を野田は中古車の森のなかで見つけた。

自動車部の仲間たちはスターレットのような手近な大衆車を買っていたが、そのときの野田の気持ちは、どんなに借金をしてもスポーツカーでなければならなかった。セリカに乗ってスピードに酔いながら、いつか、こんな車を作りたい、と念じた。

その夢の中で浮かんでいた形を、会社人生の折り返しを過ぎてようやくつかむことができるのだ。内示を受けた後、帰宅するとすぐに、ひとつ年下の妻に伝えた。

「異動になったよ。新しい組織で次の車をやることになったんだよ」

「スポーツカー」とは言わなかった。「これが夢だったんだ」という話もしていない。だが、妻はトヨタでチーフエンジニアの秘書を務めていた女性だったから、社内の事情はよく知っていた。わくわくした気分は伝わっただろう。

「いままでと違う車をやるのよね」

そんなことを笑顔で言った。


五月に入った。

リーマンショックに端を発した世界同時不況が自動車産業や電機業界を直撃し、トヨタは二〇〇九年三月期の連結決算で四千三百六十九億円の赤字に転落していた。戦後初の赤字という危機に、トヨタは五十三歳の豊田章男を社長に昇格させ、創業家の求心力で乗り切ろうとしていた。豊田一族からの社長就任は豊田達郎以来、十四年ぶりのことだ。

節目の年にめぐってきた重要な製品企画会議である。多田は珍しく緊張して、新しいZRの小部屋で想定問答を繰り返していた。想定外の質問が飛び出す会議だ。準備してもうまくいかないことがしばしばあるから、何日も前から食欲を失っていた。

ある会議で、社長、会長を務めた張富士夫から、

「(小型トールワゴンの)ファンカーゴなんだけどね、初乗り五百円のワンコインタクシーに

なって走っているのを見たぞ。あれはトヨタが認めたものなの？」

といきなり尋ねられ、出席者一同が目を白黒させたことがあった。そこで絶句するような事態になれば、議案は一、二ヵ月後に仕切り直しで、しかもハードルはさらに上がる。


そして、その日が来た。

会場は、エンジニアの城である技術本館の十五階会議室である。営業を含めた約十人の役員と技術担当幹部が集まり、彼らの後ろには部下たちが説明資料を抱えてずらりと座っている。多田の背後には野田が控えていた。

座長である技術担当副社長に促されて、多田は説明を始めた。

「０８６Ａ」の開発番号で呼ばれる新型スポーツカーは、低重心の水平対向エンジンをＤ－４Ｓ直噴化して、高性能と燃費を両立させるＦＲ車であること、それは若者を中心にした車離れにも応えられること、価格は百九十八万円、二百五十万円、二百九十万円の三つにして、世界中で毎月三千台を販売したいこと、約四百億円の開発費を必要とするが、黒字は見込めること……。

そして「スポーツカーですが、プリウスのタイヤを使って燃費が少しでもよくなるように頑張ります」と締めくくった。心意気を伝えるような説明だった。

タイヤうんぬんは全体から言えば枝葉末節の話だ。そんなことよりも、本当に二百万円を切るスポーツカーができるのか、事業採算性を説明しろ、という場なのである。

それがわかっていて、あえてプリウスタイヤの話をもち出したのは、事前の準備会議で幹部から「お前、本当にそのタイヤで押すのなら、書類に記すだけでなく、ちゃんと製品企画会議の場で明言しろ」と言われていたからである。その事前会議では、「お前は真面目にやってんのか。これではみんなが振り返ってくれるようなスポーツカーになるわけがないけどな」と疑問視する幹部もいた。結局、そのときは「チーフエンジニアのお前が本気なら仕方ない」というところに落ち着いたものの、製品企画会議の決定が後でひっくり返ることがないように口頭でも念押しをした方がいい、と助言されたのだった。

ところが、本番の会議は「ふーん」とちょっと白けた感じで、うるさい質問をする役員もなく、まあ頑張ってくれ、という雰囲気で終わった。多田の提案は三十分ほどで承認されたのだった。（できるならやってみろって感じだな）と多田は思った。

多田たちは会議室を出た。エレベータホールに向かいながら、野田にささやいた。

「よかったな。案外すんなりといったぞ」

顔はこわばったままだった。

この製品企画会議を切り抜けると、正式に予算がつくのだ。多田の言葉を借りると、開発にお金がバンバン使えるようになる。それまでは開発に向けた調査費といった名目でしか使えなかった。これからは桁違いのカネが動かせる——。

関所を抜けた、という連絡は管理部門を通じて、富士重工にも届けられた。多田の盟友である富士重工技術開発部の賚寛海たちも、ホッとしていることだろう。

だが、これは始まりに過ぎないのである。車の性能から販売目標まで懸案は山積していた。デザインもまだ固まっていない。多田は月産三千台と宣言したが、そんなに売れるだろうか、と内心では思っていた。

――うーん、日本で一千台、米国で千五百台、その他の国で五百台か、さてどうだろうな。

そのときに、シャシー設計部のグループ長だった佐々木良典の顔が浮かんだ。「そのうちにスポーツカーチームに呼んでやるよ」と約束しながら、ずっと先送りになっていた気の合う後輩だった。彼ももう五十歳になっている。シャシー部門の幹部に、「佐々木君をうちにください」と打診しては、「そっちからもだれか代わりを出してくれよ」と言われて、いっこうにらちが明かなかったのだ。最近では佐々木本人から、「一体いつになったら異動させてくれるの」と言われていた。

開発提案も認められたいま、あいつをもらうときだな、と多田は思っていた。佐々木は車の足回り、つまりエンジンを除いて、走る性能のすべてを担当できる。「新ハチロクの性能は佐々木、お前に任せた」と言いたかったのだ。

三　助っ人集めの計略

成瀬弘《ひろむ》は、定年が過ぎた後も締まった体つきを崩さず、トヨタ自動車で約三百人のテストドライバーを率いた「マスタードライバー」である。高度経済成長期の一九六三年、車両検査部の臨時工として採用され、レース部門のメカニックから叩き上げている。トヨタでは「車の味つけ」と呼んでいるのだが、試作車や市販寸前の車に乗り、独特の言葉で役員や開発者たちに助言し続けてきた。

やがて彼は伝説の人になる。社員たちはそのとき、彼が口癖にした「俺たちは命をかけて車を走らせているんだ」という言葉が本当であったことを思い知った。

運転の巧い人間は多いが、車好きのエンジニアに言わせると、常人とテストドライバーとでは恐怖を感じるレベルが一段違うところにあるという。成瀬は恐怖を超えるための能力を努力によって磨いた人で、六十五歳を越えてもドイツのアウトバーンでテスト車を操り、休日も妻とともに山間部を走って力の維持に努めていた。

二〇〇九年晩秋、成瀬は静岡県のトヨタ東富士テストコースにいた。本社から約二百十キロ、眼前の富士山の裾野は黄金色に染まっている。

「おう、元気かい。お前がどうしとるかと思ってたんだ」

テストコースパーキングに声が響いた。多田のそばにいた佐々木良典に声をかけたのだ。銀髪の成瀬が作業服姿で立っていた。

――やあ、おっさんだ。

成瀬は佐々木の十七歳も年上だが、ベルギー駐在員だったころから佐々木とは不思議に馬が合った。多田も「スポーツＡＢＳ（アンチロック・ブレーキシステム）」を開発する際、成瀬にドイツまで同行してもらったことがある。ＡＢＳは急ブレーキの際に、車輪がロックされてハンドル操作ができなくなるのを防ぐシステムのことで、それを装着した車を成瀬に運転してもらったのだ。

成瀬は酒もたばこもやらない。つき合いは悪くないが、独特のこだわりがあり、例えば、「サラダはそのまま食べるものだ」と言ってきかない。海外で三人連れだってレストランに行くと、「サラダはひとつだけドレッシングをかけないのを持ってきてくれ」と伝えるのが佐々木の役目で、そのたびに成瀬が「せっかくのサラダにドレッシングをかけて食べる奴の気がしれない」と言うのも約束事のようになっていた。

多田は製品企画会議という難関を乗り越え、その日は成瀬や実験担当者と試作スポーツカーのテストに来ていた。

二人にとって、成瀬は運転の巧い熱っぽいおっさんなのだが、社内では豊田章男の運転のセンセイとして知られていた。社内に伝わっている話では、若手の取締役だった章男が新車の評価をしようとしたとき、成瀬が、

「あんたみたいな運転も分からない人に、車をどうこう言われたくない」

と言い放ったらしい。いつもぼそぼそとしゃべりはにかんだ様子の成瀬が、テストコースに試乗に来た役員を見つけると、そんな口調で言うのだ。

この率直さが、べんちゃらに慣れた幹部たちに好かれる。講演やテレビにもしゃしゃり出ないので、うるさ型の役員までが惚れ込んでいた。一喝された章男は奮起し、「車を教えてくれ」と成瀬に師事したと言われている。確かに腕は上がった。二〇〇七年に成瀬らのチームに加わって、ドイツのニュルブルクリンク二十四時間耐久レースを走っている。

「やっぱりスポーツカーはいいねえ」

「うん、いいなあ。今度の車はドイツ車に並びたいね」

そんな話を三人でしているうちに、多田が「よし、この際だから」と言い出した。

「今度こそ、お前をうちに呼ぼう。来年、組織が改編されるんだ」

一計を案じたのである。佐々木は新型スポーツカーの開発が始まって以来、多田を社内で見つけると、「調子はどうですか」と話しかけ、せがむように言うのだった。

「いつになったら呼んでくれるんですか」

そんなやり取りも三年近いのだが、佐々木の上司は彼を手放そうとしなかった。ところが、ここに佐々木と親しい成瀬がいる。インチキな作戦だが、その成瀬の名前を利用して、佐々木をチームに引き入れよう、と考えたのだった。

それからしばらくして、多田は佐々木の上司の席に行き、こんな話を耳打ちした。「この前、テストコースで成瀬さんに会ったんだけどね、彼が『佐々木をスポーツカーの部署に異動させたらどうか』と言っていたよ」

そして、「どうだね、そろそろ」とつけ加えた。ここは成瀬や社長の顔を立てて佐々木を異動させてはどうか、というわけだ。

章男は六月の株主総会で社長の椅子に就いた。彼は恩師である成瀬に厚い信頼を寄せ、スポーツカー好きでもある。社内では「成瀬の言葉は社長の言葉だと思え」と言われていた。

佐々木はその事情を知らない。ほどなくして多田から電話がかかってきた。

「何か言われた？」

「まだです」

「うーん、言われると思うよ」

これは面倒だと思われたのか、佐々木は翌二〇一〇年一月、上司に呼ばれた。

「新しくできるスポーツ車両統括部というところに異動だよ」

新型スポーツカーの担当という言葉はなかったが、顔がほころぶのが自分でもわかった。ようやく出番だった。

ちなみに、トヨタは朝令暮改の言葉そのままに組織をいじる会社で、多田のチームも二〇〇七年のスタート時は、「車両企画部スポーツグループ」、次いで、「技術企画統括センター付BRスポーツ企画統括グループ」、さらに「BRスポーツ車両企画室」を経て、二〇一〇年から「スポーツ車両統括部」と変わった。

佐々木が聞いたところでは、車を知り尽くした成瀬を交えて、車作りのチームを作るという話だった。それは多田が窮余の一策として仕掛けた人事の余韻だった。

それから六ヵ月近く過ぎた。訃報は何の前兆もなく、ドイツからやってきた。

「おい、成瀬さんが……」と電話をかけてきた多田の声が上ずっている。佐々木はそれに続く、「亡くなったぞ!」という言葉に仰天した。

「嘘でしょう」と言うのが精いっぱいだった。

成瀬は現地時間の六月二十三日午前、走りなれたニュルブルクリンク近くの一般道で試作車を運転していた。十二月に生産開始予定の高級スポーツカー「レクサスＬＦＡ」のテスト走行中だったのである。緩い左カーブで、対向車線にはみ出し、やはり走行試験中のＢＭＷの乗用車に正面衝突して、間もなく死亡したという。

ニュルブルクリンクは、世界中のメーカーが車両テストで利用するコースだ。そこを知り尽くした老練のテストドライバーが、なぜコース外で事故を起こしたのか、事故の原因はよくわからなかった。

成瀬は六十七歳になっていた。会社から期待され続け、老いに抗して、神業と呼ばれた技量の維持に懸命になっていたようだ。多田は孤独な仕事師を想って無性に哀しかった。

多田たちが葬儀に参列すると、祭壇にレーシングスーツと愛用のヘルメットが置かれていた。棺のそばには家族と豊田章男が悄然《しょうぜん》と肩を落として座っている。社長が何時間も座ったまま動かないというので、仕事を放り投げ慌てて焼香に駆けつけた社員もいた。

——難解で手ごわいドライバーだったな。

多田は成瀬としのぎを削った日々を振り返った。

成瀬は試走を終えるなり、「この車の懐《ふところ》は浅いよ」とぼそりと言い、「いなしが利いていないな」と指摘したりするのだ。実にわかりにくかった。首を傾げると、「そんなことがわからないような奴に車を作る資格はない」と言われるので、みんな「うーん」と考え込む。

事故を起こすか起こさないか、ぎりぎりで避けられる優れた車がある。急にハンドルを切ったときにすぐに滑ってぶつかる車と、もう一歩踏ん張ってぎりぎりぶつからずにうまく障害物をよけることのできる車が確かにあるのだ。成瀬は前者を「懐が浅い車」と表現し、後者を「懐が深い」と言った。

テストをしてみるとわかるのだが、自動車先進国の欧州の車は、かつての日本車よりも明らかにあと一歩踏ん張ることができた。限界性能がいま一歩深かったのである。

一般のドライバーは普段感じない感覚だし、操縦不能のときにはパニックに陥ってその差がわからない。

「その差と状況をプロはちゃんと評価をし、ぎりぎり紙一重で避けられるような車を作らないといけない」

と成瀬は言うのである。彼が試走から戻ってくる。車から降りて、その車をジャッキで上げさせ、「もっと巧くいなすようにするんだ」と告げたこともある。

サスペンションには車輪の動きをコントロールするためのアームがついている。そのアームのしならせ方のことを言っているのだが、佐々木たちはそれを聞いて、「いなす」というのはどういうことなのか、突っ張ったりしないようにということか、それとも力を逃がすということなのか、一生懸命考えて車を作っていく。

そして、車の踏み出しがスルッと動くように、動き出しがきれいに動くようにやっていくうちに、何となく「おっ、いなせたな」と思う瞬間がある。ただ、「どうやったらいなせたのかはいまだにわからない」と佐々木は語る。職人同士が理解できる世界である。

成瀬の死後もテストドライバーとのせめぎ合いは続いた。

成瀬の弟子や運転技能に長《た》けたテストドライバーたちを集めて、「凄腕技能養成部」という部署がトヨタに設けられた。成瀬が到達した技能を伝承しようというのだ。

彼らが待ち構えるテストコースに、佐々木は新ハチロクの試作車を運び、試乗してもらったことがある。「いい車ができたから乗ってください」と下手に出たのだが、試走したテストドライバーのひとりから、

「なんだこれ、ＦＲ車なのにＦＦ車みたいなのを作ってるな」

と言われて、心が燃え上がった。ＦＲ車はスポーツカーの代名詞だが、この走りはＦＲとは言えない、つまり、まだスポーツカーとは誇れない、というのだ。

すでに触れたが、ＦＲはフロントエンジン・リアドライブの略で、操作性が高く、後輪から力が伝わるから、瞬発的な加速性能と、ひらひらと飛ぶようなコーナリング性能が楽しめる。だが、この試作車の走りには欠けているものがある、とテストドライバーは言うのだ。

佐々木は悔しかった。「極限の性能はお前に任せた」と多田に託してもらっている。富士重工との協業だが、スポーツカーとしてあるべき性能は自分が背負っているつもりだった。それから凄腕のドライバーに「これはＦＲだな」と言わせるのが何よりの目標になった。

四　のび太が三人

成瀬の死から一週間後、多田たちのチームに新たな助っ人が加わった。車両企画部で新技術を担当していた中村和人である。

彼はその前年に中国のモーターショーに出張した際、たまたま多田の姿を見かけ、陳情したのだった。「僕もいつかスポーツカーをやりたいんです」と。

中村は小学校の卒業文集に「自動車会社に勤めたい」と書くほどの車好きで、本当はデザイナーになりたかったのだが、才能がないとあきらめ、「スポーツカーを作りたい」と言ってトヨタに入社している。

上司に「異動だよ。次は多田さんのところだぞ」と告げられたのは翌年の初夏で、量産化の可否やデザインを決める会議が迫っていた。周囲から「大変だなあ」と言われ、自分が飛び込んだチームの現実に初めて気づいた。

中村は自身を「極楽とんぼ」と上調子に語ったり、「くそったれ」と表現したりする茶目っ気に満ちた技術者である。一九六六年生まれで、慶應大学理工学部機械工学科卒だ。このころは四十四歳だ。

　彼の明け透けな表現は田村という先輩に教わったもので、のちにチーフエンジニアになったその先輩技術者はこう言った。

「会社の中には、二割ぐらいのくそったれの奴がいないとだめなんだ。俺たちはそのくそったれだからな」

「働きアリの法則」とも「2：6：2の法則」とも呼ばれるものがある。田村の脳裏にはそれがあったのではないか。その法則によると、組織の中にはよく働くアリが二割、普通に働くアリが六割、ダメなアリが二割いるという。経済評論家はこの上の二割を増やし、下の二割をいかに減らすかが経営の要だと言うのだが、先輩技術者の考えは少し違っていた。

　彼はたとえ、「くそったれ」と言われたとしても、実は下の二割の人々もまた組織に必要なのだと言った。

「みんながみんな同じになっちゃうとだめなんだ。みんな同じだと、組織は活性化しないだろ。くそったれも会社に必要なんだ」

　だから腐らずに胸を張っていろというのだった。それに会社の中では、不当と思われる評価を受けるときがある。その評価にしても、あるときの上層部が下したものにすぎず、絶対的に正しいわけではないのだ。

野田に佐々木、中村の三人が加わったチームには、やがて小さな秘密が生まれた。彼らが多田をこっそり綽名《あだな》で呼び始めたのだ。「ジャイアン」である。漫画『ドラえもん』に登場するガキ大将のことだ。主人公の野比のび太をいじめたり、無理難題を押しつけたりする、クラスの乱暴者である。

パワハラが許されない今とは単純に比較できないが、部長職としてはいささか芳しくない綽名であった。

ジャイアンがいればその仲間がいるはずだが、多田のチームには、ドラえもんもしずかちゃんもスネ夫もいなかった。その代わりに野田、佐々木、中村の課長級の主幹はいずれも「のび太」なので、自分たちを「のび太ーず」と自嘲気味に呼んでいた。

「ジャイアン」と呼ぶのは、多田が技術的な妥協を許さないからだ。「スポーツカーはこうあるべきだ」と求めて譲らない。それが三人にはわがままに映る。多田の名誉のためにつけ加えれば、過去のチーフエンジニアは、我を張り通す強者ばかりだった。

そう振る舞わざるを得ない理由が、多田にもあった。スポーツカーの愛好家にはわがままな人々が多いのである。多田は新型スポーツカーを企画する際、欧米を回ってユーザーたちにインタビューを重ねている。その結果、得られた回答の多くが、「こだわりが見える車であってほしい」というものだった。「身軽で性能が良く、同時に車内のスイッチひとつ取っても専用部品ばかりを使った車を作ってもらいたい」というのだ。

開発する側にはこれが実に困る。車を安く作るにはファミリーカーなどに使っている共通部品を使わざるを得ないのだ。だが共通部品で原価を下げようとすると、「これってミニバンと同じスイッチじゃないか」と気づく愛好家がいる。「とたんに買う気がなくなる」と言う。気持ちはわかるが、その分だけ高いカネを払ってくれるか、といえばそれもいやだと言う。ファンとはそういうものなのだ。

一方には、「新車を開発するときは新しく作る部品を減らせ」というチーフエンジニアの鉄則があった。多田もかつては「新しい部品が必要なときは、その理由をきちんと説明に来い」と言ってきたのである。しかし、彼は新型スポーツカーの場合は今までとは逆に、可能なかぎり新しい部品を作ろうと心に決めた。そして、

「共通部品を使うなら、その理由を説明に来い」

と言い出した。

周囲は一様に、「えーっ」とびっくりした。さらに彼はしばしば「これはやり直そう」と繰り返した。その注文は遅すぎたり、無茶だったりしたが、部下たちはそれを受け止めてやっていくしかない。『ドラえもん』のジャイアンとのび太のような関係だ。それで三人のだれかが多田に綽名をつけた。

新車開発は時間との闘いでもある。スポーツカーの場合も、多田たちの企画案に沿って、共同開発する富士重工の設計部隊が細かな図面を引いた。エンジンも固まり、あとは生産開始に

向けて作業を粛々と進めていかなければならない。納期遅れは技術者の恥と言われる世界だ。おおむね量産開始の二年前に試作車を作り、一年前には性能確認車を製造して設計の狙い通りに性能が達成できるのかを確認し、そのうえで量産しても問題ないのか、品質確認段階に入る。その日程は実に精緻で、通常は一度、図面が定まれば大きくは変えられない。

ところが、多田は平気で「ここは変えよう」と言い始めるのだ。

「多田さん、それはもう無理っすよ」

「何をいまさら！　もっと早く言ってください」

「のび太ーず」の面々が眉間にしわを寄せ、抗議しても聞かない。

これが漫画だったら、ドラえもんが腹の四次元ポケットから多種多様な「ひみつ道具」を取り出して、危機に陥ったのび太たちを一時的にせよ救うのだが、Ｚチームにはそんな便利な道具はない。だから、「のび太ーず」の面々は協業相手の富士重工やトヨタの関係部署を回って謝り、説得し、どうすれば日程遅れを挽回できるか、頭から煙が出るくらいに考えて、多田の要求に応える。

そのとき、夜の技本の一室でうめき声が漏れる。

「くそっ、ジャイアンめ！」

「のび太ーず」の二男格にあたる佐々木は、多田の無理難題についてこう語る。

「多田のやり方についていけない人間もいましたよ。厳しいというより、『いま、こんなタイミングでそういうこと言うか』という驚きです。でも、よくよく考えてみると、本当はそっちにしたかったけど、時間がないからこっちでいいか、ということがたくさんありますよね。そんな妥協や効率、コストへの拘《こだわ》りを排して、『いや、やっぱりそっちだろう』と彼は言ってくる。確かに言われるとその通りで、ものすごく大変だけど、僕らはこれをやったらよくなるかも、という感覚で捉えた。あまりに理不尽だったら『それはないでしょう』と言うんです。でもほとんどの場合、僕ら三人が頑張れば済む話ですよ」

佐々木や中村の取り得は、悲観に囚われないことだった。特に「くそったれ」を自称する中村は自分から志願していたから、どうやってでも成功させよう、と思っていた。そして、彼らは新ハチロクの部品の九割以上を専用部品にすることに成功した。

五　ちょいワルおやじ

フサフサとした髭が、古川高保《たかやす》の鼻の下には蓄えられている。トヨタデザイン部のグループ長である。手入れしたあご鬚《ひげ》も備え、五十路過ぎて衰えを知らぬ髪をピンピンと逆立てていた。眼鏡の奥の丸い目をいつもギラギラ光らせていたから、「ミミズクに似ている」と言ったた人がいる。小型の猛禽類《もうきんるい》ということらしい。

髭を生やし始めたのは、プライドを傷つけられたからだ。三十歳そこそこで、トヨタ自動車の看板車であるクラウンのデザイナーのひとりに加えられた。抜擢だったが、顔を合わせたZのメンバーや設計者に、「お前なんかにクラウンがわかるのか」と馬鹿にされた。口惜しくて、考えた末、髭にたどり着いた。

――だったら、俺自身がクラウンにふさわしい役柄になり切ろう。

「乗る人の気持ちになれ」と常々言われている。クラウンのオーナーはどんなことを考えるのか、まず髭でも蓄えて中高年の気持ちに近づこうと考えた。見栄えから入るのも上達の道じゃないか。

もうひとつ、年上のエリート技術者たちに気圧《けお》されたくない、という気も働いている。古川は名古屋市立工芸高校デザイン科を出て、デザイン一筋に生きてきた。大学に進学しようか、とも思っていたのだが、高校三年生の夏休みに七年ぶりにトヨタから求人が来たと聞いたので、「俺はそっちに行きます」と先生や母親に告げた。車が好きで、どこでもいいから自動車会社に行きたかったのである。

彼が新型スポーツカーのデザインを命じられたのは二〇〇八年三月のことである。当時の古川はピックアップトラックなど北米向けの車のデザインを手掛け、ちょうどSUVの「4ランナー」が社内の最終審査を迎えて、忙しい盛りだった。

「急だけどね、富士重工業と協業でスポーツカーを作るそうだ。役員が君を指名してきたから頑張ってくれ」

デザイン部長にそう言われた直後に、〈担当してくれるようだけど、一緒に楽しんでやろうね〉という柔らかなメッセージがパソコンにピュッと入った。開発責任者の多田からのメールだった。

多田たちの城である技術本館では、それまで朝から晩まで怒鳴り声が響いていたから、「楽しんでやろう」という多田のメールに新鮮な印象を受けた。

古川たちは「ヘッドロック（頭蓋骨固め）タイプ」と呼んでいたのだが、チーフエンジニアといえば、チームワークよりも自分で全部決め、プロレス技で部下の頭を締め上げてグイグイと引っ張っていくイメージだったのである。

その多田に古川は親近感を覚えた。たぶんそれは二人とも組織の中にいながら、自己に恃《たの》むところが強く、会社にもたれ過ぎない生き方をしているからだろう。多田は二度も転職しているし、古川の場合は小学二年生のときに父を亡くし、母と三つ上の兄、それに祖母と四人で暮らしてきた。裕福ではなく、自分で何とかするという暮らしが身についている。定年になれば、独立してデザイン事務所を開こう――とひそかに思っていた。

職人肌の彼らデザイナーは多田に多くのことを教えた。特に古川が敬愛する澤正憲という人物は、多田のデザインの師匠となった。

それは多田が四十歳を超え、Zチームに加わったころだ。関西弁で声をかけてきた者がいた。

「飯でも食いに行かへんか」

峰のある高く大きい鼻の男が立っていた。デザイン部の長老格で、若いころのダスティン・ホフマンに似ていた。「デザイナーの澤だ」と名乗った。それは気まぐれだったのか、それとも若いZのメンバーを早々に手なずけておこうということだったのか。

「君ね、主査になるとつき合いが一番大事や。心構えも教えてあげるから」

と笑いかけた。多田はZチームに抜擢されたばかりで、右も左もわからない。まして車のデザインについては、どんな過程を経て決まっていくのかさえ知らなかった。

「デザイナーはね、エンジニアの部類に入るのかどうか、微妙な人種だから結構つき合いが難しいんや」

居酒屋の隅で、澤はおどけたように言った。そんな顔は、ちょいワルおやじのジローラモにも見えた。

「みんな個性派ぞろいで、気まぐれやからね。設計者なんかに指示するような言い方をしたんでは、意図は伝わらん。やる気も出んよ。逆にうまく思いを伝えてやって、まあツボみたいなとこを突いて上手に使うと、思った以上に力が出るんやね」

多田が一番聞きたかったのは、いいデザインか否か、どうしたら選別できるようになるのか、ということである。不格好な車が売れないのはわかっているが、自分にはデザインの素養がないから、それを見抜く力がない。どうすればいいのだろうか。

「正直なところ、『Zの一員なのだから、このカーデザインがいいかどうか決めろ、意見を言え』と言われても困るんです。そんなことを求められたって無理なんです」

多田がそう言うと、澤は多田の顔をじっと見て、「いや、それは全然違うわ。別にプロとして見極める必要はないんや」と話し始めた。

「普通の人、大衆の皆が今どんなものを好きなのか。それがわかるようなセンスをちゃんと身につけるのが大事なんや。トヨタは大衆車を作ってるんやから、大衆のセンスで判断できる能力を磨かんといけない。デザイナーの俺たちはプロだから、任してくれれば、プロとしてのいいデザインはちゃんとできる。けれどもそれと、売れるというのは必ずしもイコールではないんや」

関西なまりの能弁は、多田の心にスッと入ってきた。

「大衆のセンスというのはコロコロと、ちょっとしたことで揺れ動く。これが厄介なんや。そういうセンスを身につけて、例えばここに三つ案があるとする。デザイン的価値としては優れたものを俺たちが提案するけど、このタイミングで一番いいものをZのCEには選んでほしい。そのときの時代背景やデザインの流行など、いろいろ考えて選ぶのがあんたたちの仕事だよ」

そして、「センスを身につけるために、日々気をつけなければいけないことがあって……」と言った後、「あのな、『家庭画報』を読んだことあるか」と優しい声を上げた。

「えー、何ですか、それ」

「やっぱりなあ。千円以上もする高い雑誌だけど、日本の金持ちはみんなそれを読んでるんや。最初はパラパラとめくっていりゃいい」

『家庭画報』は「夢と美を楽しむ」をコンセプトにした婦人向けの月刊誌である。澤が言うには、ハイセンスな人々がどんな暮らしを夢見て、何を見聞きしているかに注意していなければならない、それを知ろうとしたら、とりあえず『家庭画報』から始め、ファッション誌など若者向けの雑誌を眺めていろ、というのだ。

「あとはコンビニに行くと、世の中のトレンドが一番よくわかるよ」

多田はZという異境で行き詰まりを感じていたころだったから、澤の助言を素直に受け入れることにした。「一ヵ月に最低三千円から五千円は雑誌に費やす」と決め、『家庭画報』やコンビニに置いてある雑誌を買い込んだ。最初はあまり読むこともなく、自宅の片隅に溜まっていった。

「読みもしないのに邪魔だわ」と妻の浩美は口を尖らせたが、もったいないから捨てられない。暇な時にパラパラとめくっていると、自分が失っていたものに気づくようになった。それは若いときにだれもが持っていた好奇心だった。多田は学生時代にロックバンドを組んでドラムを叩いていたのだ。雑誌のページをめくり、「へぇ、こんなものが流行ってるんだ」と声を漏らしながら、流行に背を向けていたことにハッとするときが増えた。

コンビニに毎日のように通い始めて、発見したこともあった。

たいていのコンビニは壁一面がすべて飲み物だったりするのだが、その全体の色がどんどん変わっていくのである。（あれ、ここの壁が全体に青っぽくなっている）と思うときがあった。それは飲み物のパッケージの色だ。

「二、三ヵ月前はもうちょっと赤っぽかったのにな。季節や流行によって変わっていくんですね」

澤にそう告げたら、「おっ、それは結構いいところに気がついたね」という声が返ってきた。

「まさに色のトレンドがわかるんや。ひとつの飲み物だけ見ていてもわからんものが、棚全体の何十種類の飲み物を毎日、毎週見ていると、流行り色のトレンドが無意識にあんたの頭にインプットされてくるんだ。そういうのが大事なんや」

車の色にも流行がある。世界のトレンド予測を、色専門のカラーデザイナーたちがZの面々を集めて説明し、車の定番の色も毎年入れ替えている。どの色をどれに入れ替えるか、これがひどく難しい。しかし、毎月何冊もの雑誌を眺め、コンビニに通っているうちに、自信のようなものが芽生えてきた。車の色を決めろと初めて求められたとき、多田は決めつけるように言った。

「絶対これがいいんだ」

そのころには澤は定年退職し、子供のいる米国に渡っていた。

第七章　役員審査をすっ飛ばせ

一　iPhoneみたいな車にしよう

　その日の古川高保は、ジーパンにチェック柄のシャツを着て、技術本館のZRの部屋にいた。チーフエンジニアの多田に呼ばれたのだ。技術本館では一風変わって見えたが、技術部の敷地に立つ四階建てのデザイン本館には、金髪や茶髪、ワンレングスのデザイナーまで独特の格好をした社員が大勢巣食っているので、これでも普通に近いデザイナーなのである。

　多田とのつき合いは一年を過ぎ、役員たちが出席する「デザイン審査」という役員会が近づいていた。

　古川に会うと、多田は不思議な話を始めた。

「僕はね、iPhoneみたいな車を作りたいんだよ」

「ほう」。古川は引き込まれるものを感じた。富士重工の水平対向エンジンを使って、ライトウェイト（軽量）スポーツを復活させるはずだが、と思った。

「iPhoneを使いこなす若者はいろんなアプリを入れて、自分好みの携帯にして楽しんでいるよね」と多田は続けた。

「それと同じで、今度作るスポーツカーは、自分好みに変えてアップデートしたり、カスタマイズできたりするものにしたいんだよ。iPhoneだけもっていてもそれだけではつまらない。アプリを入れることでもっと便利で面白くなるし、オリジナリティも出る。車もそうできるはずだよね」

「その通りだな」と古川は相槌《あいづち》を打った。

「マンションを購入しても、同じ家具を同じ配置で置くんだったら、ホテルに帰るようなものだもんな。自分の家は好きなように使いたい。車も一緒だろう。それが愛車ということだ」

多田は社内のあちこちで同じような話をしていた。

それは二〇〇七年に米国でNASCAR（ナスカー）のレースを視察したときからの持論である。ドライバーの好みと使い方に合わせて、いろんなパーツやタイヤを取り換えられる、つまり、モディファイ（変更）できる車を提供したい、というのだが、ヒゲの古川のように「なるほどなあ」と同意してくれる者は少なかった。

完成車を売る自動車会社で、アップデートやカスタマイズという発想はあり得ないことなのである。それは車を好き勝手に改造してください、ということにつながり、違法改造を容認しているというマイナスイメージにも重なる。だから自動車会社は顧客に「品質保証ができなくなるので、変な改造は絶対にしないでください。できれば何もいじらないで」と強調していた。

これに対し、多田はデザイナーのチーフである古川を味方に引き入れ、モディファイ可能なデザインを頭に入れてほしい、と願っていた。

多田はすでに世界中のトヨタのデザイン拠点に企画の概要やラフなパッケージ図を送り、新型スポーツカーのデザインを募っていた。パッケージ図は、車のどこにエンジンや人を詰め込むかを描いた構想図で、家作りで大雑把な間取りを示すようなものだ。

しばらくすると、欧米を含めて十数種類の案が上がってきた。それを三つに絞ったうえ、「デザイン審査」にかけることになった。

これは大変な難関で、三台ほどの試作車を、デザインドームと呼ばれる秘密の展示場で役員に見せる。その出来栄えやデザインなどを論議する「意匠選択」、一台に絞り込む「意匠確定」、社長らの了承を得る「意匠承認」の三段階の会議が開かれる。「それはそれは、胃がきりきり痛くなるような儀式ですよ」と元チーフエンジニアが語る役員会である。

車はデザインが最も大事だと言われる。売れるか売れないかは、デザイン次第だという幹部もいるから、トヨタにも厳格なデザイン決定ルールがある。

まず、デザイン棟の職人が三つの案に沿って、実物大のクレイモデルを一台ずつ粘土で削り出し、設計的にそのデザインが成立するかどうかをZの面々や設計者と検討する。デザインが斬新過ぎて、実際の製品とのギャップが生まれたり、「これじゃ、エンジンが車のなかに入らないよ」というものもあったりするからだ。

次に、三台にシルバーの塗装を施して、エンジン棟四階の巨大なデザインドームに引き出す。銀色に塗るのは陰影が浮き出て評価しやすいからである。デザインドームの審査場は野球場の内野ほどの広さがあり、屋根は電動で開閉する。役員たちは横一列に座って、三台のモデルをターンテーブルに載せてグルグル回しつつ、天井を開け閉めしながらマイクを通じて評価を述べ合い、一台に絞り込む。

問題は、このデザイン審査役員会、通称「デシン」を三セットも開き、全部クリアしないと発売のステージに向かえないことである。

多田はスポーツカーに関するかぎり、それは無駄だ、と考えていた。

車種が少なかった時代やファミリーカーなら「三度のデザイン審査」というやり方でよかったし、実際に売れてトヨタは成長した。だが、多人数で選ぶと、万人向けではない奇抜なデザインは必ず淘汰《とうた》されるのだ。

古川も同じことを考えていた。

——しかし、スポーツカーは人生を豊かにしてくれる趣味の車だ。好き嫌いが分かれるに決まっている。みんなが好きな趣味、だれもが好きなスポーツカーなんてあるはずがないじゃないか。みんなにあれこれ言われて、心に刺さるスポーツカーなんかできるわけがない。

多田や古川はデザイン審査を何度も経験して、しばしば多数決のロジックに陥るのを見てきた。役員たちが「あの個性的な案はいいね」と話していたのに、全世界の役員が集まって、ああだ、こうだ、と言っているうちに、結局、無難なデザインに流されていく。

それに役員会が終わって、多田に「私はあの案だけは絶対いやだからな」と電話をかけてくる者がおり、「何だあれは！　どうして俺の意見を聞かないんだ」と叱る役員もいる。色々注文がついたので、デザイナーと必死に改良案を考えたのに、最後にひっくり返されることさえある。そのデザインの責任もチーフエンジニアが負うのだ。胃の痛む審査会なのである。

（ああ、今度も同じパターンにはまるんだな）と思って、彼は「みんなに聞くやり方なんてやめませんか」と周囲に相談したのだが、軽く一蹴されてしまった。

――やはり社内ルールに従うしかないのか。

そう思って二〇〇九年八月、デザインドームに三十人近い役員に集まってもらって、一回目のデザイン審査を開いた。ターンテーブルには三案をもとに作ったクレイモデルがゆっくりと回っている。三案のうち、A案は外形デザイン担当の城戸健次が描いたもので、低重心にこだわりながら、世界中のスポーツカー好きに受け入れられる形にまとめている。スポーツカーの王道を行くデザインだ。

B案は「トヨタのスポーツカーの伝統にこだわりたい」という古川が描いた。トヨタの名車2000GTを強く引きずった形になっている。C案は米国のデザイン拠点であるカリフォルニアのデザイン事務所が出してきた、ごっついアメリカンテイストのデザインである。米国チームは、〝新ハチロク〟の開発が始まる前から毎年、「早くスポーツカーを復活させてくれ」とトヨタに迫っていたから、大喜びで提案してきた。

米国のマーケットは巨大なので、米国の役員は当然のようにC案を推した。日本の役員が「A案は奇抜でもなく、だれからも受け入れられる」と言えば、別の役員が「私はB案がトヨタらしくていいと思う」と論じる。すると、こんな反論が出る。

「いや、君たちが作りたいのはライトウェイトスポーツだろう。２０００GTは当時、世界に冠たる本格スポーツカーで、その２０００GTを語るのはまだ早いだろう」

――ぐちゃぐちゃじゃないか。

と多田は思った。案の定だ。役員の声はバラバラのまま、方向性も見出せない。これで二ヵ月後に二回目のデザイン審査を迎えるのだ。その間に新しいモデルを作って見せるのか。弱った多田は役員に言ってみた。

「このデザイン審査は意味がないと思います。審査会はもうやめてもいいですか」

「馬鹿か、お前は！」。怒気に満ちた言葉が返ってきた。

「ひとりのチーフエンジニアの気分で役員会をやめるほど、トヨタは甘い会社じゃないぞ」

さてどうしようか。多田は古川を呼び、部下の野田利明や佐々木良典を集めて相談した。

「デザイン審査をやめるというのは、さすがにだめだな」

「役員にごちゃごちゃ言われなきゃいいよね」

「そんな方法があるかなあ」

あれこれ話しているうちに、「新ハチロクを買ってくれそうな車好きに聞いてみる、というのはどうかな」という案が出た。

「そうだ、役員ではなく、実際にスポーツカーに乗っている社員を集めて、その意見を聞きました、というのはどうか」

一体、トヨタ社内でスポーツカーのファンがどれくらいいるものだろう。その足で、多田はトヨタの駐車場に見に行き、さらに車で本社の周囲をぐるっと回った。

すると、あった。長い間、トヨタは新しいスポーツカーを作っていなかったから、たいてい他社の車だったが、マツダ・ロードスターや日産シルビア、スバル・インプレッサ、ロータス・エキシージ……それらがトヨタ車に隠れるように駐車してあった。あとで人事部を通じて調べたら、スポーツカーで豊田市に通勤しているトヨタ社員が約六百人もいた。

「えっ！　そんなにたくさんいるのか」。多田はびっくりした。

――この社員をパネラーにして、その意見交換会を役員審査に代えるのはどうだ。

役員会をすっ飛ばすという前代未聞の案だった。真っ先に支持してくれたのが古川である。

二　オタクの声と社長の声

トヨタ自動車の技術系社員の頂点に立っていたのが、代表取締役副社長の内山田竹志だった。以前にも記したが、量産ハイブリッドカー・プリウスを開発したチーフエンジニアで、「ミスター・ハイブリッド」とメディアでは紹介されている。

控え目だが、後輩たちに「提案して相手にされなくても、必要だと信じるならやるべきだ」と熱く語ったり、「エンジニアの仕事のスタートは志で、その次は挑戦することだ」と語りかけたりするので、技術者の尊敬を集めていた。

内輪ではボソボソと少しかすれ気味の声で話す。あれ、何を言ったんだろう、と思うことがあったので、その日、副社長室に入った多田は全身を耳のようにして、内山田の言葉を待っていた。

多田は二回目のデザイン審査を前にしている。三つの段階を踏んで絞り込んでいくのだが、今回は最初の「意匠選択」の段階で方向性が見出せず、多田はその結果と代替案を内山田のところに持ってきていた。

「一回目が終わって役員の方々の意見はバラバラでした。これから磨きをかけていきますが、このまま二回目のデザイン審査をやってもまた同じことになると思います」

「そうか」と内山田は聞いている。

トヨタの役員には昇進時に研修のようなものがあり、「部下の意見は絶対に否定から入らずに、まず聞いてやりなさい」と改めて教えられるという。否定したらそこで終わりだ。「人間の口はひとつだが、耳がふたつあるのはよく聞くためだ。君がしゃべるよりも相手の話を聞き、種まきをさせることが大事だ。何をやるともっと良くなるか、きちんと聞いてアドバイスしなさい」。こう告げられた役員もいる。

ただし、実際に部下の話をじっくり聞いてやれる幹部はそれほど多くはなかった。内山田が好かれるのはその聞く力のためである。

多田は続けた。

「二回目の審査をやりますが、スポーツカーという趣味の領域のデザインを審査するので、次回から役員の方々にはお引き取りいただくというのはどうでしょうか。その代わりに、スポーツカー好きの社員を集め、パネラーとして意見を集めたいと思います」

彼は人事部を通じて、豊田市にスポーツカーで通勤してくるトヨタ社員が約六百人もいることをつかんでおり、その中から二百人を無作為に抽出して、「スポーツカーパネラー」という名の審査員に仕立てようと考えていた。

営業部署の中に「デザインパネラー」と呼ばれる訓練されたチームがあり、これはと思うデザインを点数化してきた。売りやすい流行のデザインに流れる傾向はあるが、役員たちはそのチームの点数も参考に議論した。スポーツカーパネラーは、そこからヒントを得てひねり出した策である。

内山田はうーんと唸り、しばらくして「確かにそうだな」と言った。

「スポーツカーのデザインはそんなやり方をしないといけないのもよくわかる。一回やってみるのもいいかもしれないな。デザイン審査も別にやめるわけじゃないから、言い訳も立つだろう」

それから「でも……」とつけ加えた。

「社長には上手に相談して決めるんだぞ」

社長の豊田章男はモータースポーツの支援者で、多田が手がける新型スポーツカーの開発も、章男が副社長時代に「いいものを作ってくれれば、売ってみせる」と支持したことが追い風になっている。社内では、まだスポーツカー復活プロジェクトを道楽のように思っている幹部もいた。ここで風を失ったらプロジェクトはたちまち失速してしまう、ということを内山田はだれよりもよく知っていたのだろう。

多田は顔を輝かせながら内山田の部屋を出た。

——よっしゃ！　これでもう胃が痛むこともないぞ。

その話を聞いて、デザイナーの古川の相好《そうごう》も崩れた。社長に相談して少人数で決められるのか。何十人もの役員の関所を通り抜けるのに苦労してきたのである。

一回目の審査から二ヵ月後、社内のスポーツカーファンが続々と技術部の敷地に集《つど》ってきた。日頃、ロードスターやシルビア、ロータスなど他社のスポーツカーで通勤し、きょうは役員に代わってデザイン審査を担当する役回りである。多田の言うスポーツカーパネラーの面々だ。

あまりに数が多いので、総勢二百人を午前と午後の二組に分け、一九六六年に作った旧デザインドームに入れた。ドームはデザイン本館の隣にあって、上から見ると、鉄のお椀を伏せた形をしているが、天井は開閉しない。このドームもデザイン本館四階のデザインドームと並行して審査会場に使われていた。今回は、デザイン本館の審査場が他の車の審査予定で詰まっており、秘密を保持しながら一日中使える場所はここしかなかったのである。

だが、デザインドームに足を踏み入れた社員たちは興奮していた。A案、B案、C案と三台の実物大のクレイモデルをワッと取り囲み、「おお」と歓声を上げた。ドームは関係者以外の出入りが禁じられている。そこへ足を踏み入れるだけでなく、トヨタスポーツカーの開発に関わることができる。その喜びが頬を赤くさせ、ワクワクした気分が全身を満たしているのが多田にもわかった。

スポーツカーの王道を行くスラリとしたA案、トヨタ２０００GTを思わせるB案、獰猛《どうもう》なイメージのC案は米国のデザイン事務所発だ。それぞれの車に群がり、ある者は正面から、ある者は尻の方から、ある者は寝そべって、笑みを浮かべながらぼーっと見つめている。そんな熱に浮かされたような表情を役員の審査では見たことがなかった。

七点評価方式で、二時間ほどで終わるはずの審査だったのだが、彼らは好き勝手に論じ、延々としゃべり続けて、いつまで経っても終わらなかった。午後の部も夕方までかかって、ドームを閉めなければならない時間だと言い訳し、何とか引き取ってもらった。

次の日、多田が会社に行くと、メールや電話が殺到した。「言い忘れたことがある。聞いてもらいたい」というのだ。前日のパネラーに廊下ですれ違うと、必ず呼び止められた。「僕は絶対にこう思います」というところから、スポーツカー論が延々と始まった。

――大変なことになった。こんなことなら、役員会をやった方がよっぽどよかったかな。

そうも思ったが、それはどうしても潜り抜けなければならない関門だったし、多田たちは彼らから大事なことを教えてもらっていたのだ。スポーツカーファンがどんなことに心が動くか、ということである。

例えば、彼らはスポーツカーの形が気に入って買う。だが、運転しているときには車や自分の姿は見えない。だから、彼らがやることといえば、ショーウィンドウに自分の車が映るような交差点をちゃんと覚えていて、そこにわざわざ車で行き、信号が赤になるタイミングを見計らって停まり、うっとりして見ているという。

「そんなことをしなくてもいつも見ることのできるポイントがある」というファンもたくさんいた。その形がスポーツカーとして一番大事だ、というのである。彼らの話はおおよそこんなものだった。

「それはどこかというとね、サイドミラーに後ろのタイヤのカバーの辺りが映りますよね。あの形がいかにセクシーかというのが、スポーツカーのデザインの肝だと僕らは思うんです。あのお尻の形がきゅっとしているスポーツカーは何とも言えずいい。ポルシェもそうだし、イタリアのスポーツカーはみんなそうです。スープラもそうだった。ミラーに映すと本当にいいんです」

プロのデザイナーはどこから見てもきれいな形にする。色によっても見え方が違う。だが、根っからのファンがショーウインドウや鏡に映して車を見るとは思ってもみないことだった。なるほど、そんなこだわりがあるのか。多田はそう思って、古川たちに「外からだけでなく、鏡に映しても一番いい形にしてくれよ」と伝えた。

もうひとつ、なるほどと感じたことがある。パネラーたちの評点はA案が多かったのだが、面白いのはその理由だった。

「B案もC案もいいんだけれど、トヨタは長い間、スポーツカーを作ってなかったですよね。だから、まずは王道の形がいいんじゃないですか」と参加者のひとりは言った。「あまり変わったところにいきなり飛んでいくのではなく、『ザ・スポーツカー』みたいな真ん中のデザインがいいんだなあ」と多田に語りかけた者もいる。

——そうか、ど真ん中のデザインなのか。

多田はそこに気がついて、解放されたような気持ちになった。どんなものを選んだっていいやだという者がいる。それがスポーツカーファンだ。要するに、どの案にするかは実はそれほど大事な問題じゃないんじゃないか。メーカーは何十種も用意するわけにもいかないから、ひとつセンターになるものを用意して、自分が気に入らないところをどんどん取り換えてもらえばいい。

彼は古川と「iPhoneみたいな車にしよう」と話しあったことを思い出した。車のオーナーがサスペンションからパーツ、内装、それにレース仕様まで自在に替えられる、ひとつとして同じ車はないようなスポーツカーだ。

プライドの高いデザイナーなら「俺のは完成されたデザインだ。そんなのは改悪と言うんだよ」と怒るところだが、ヒゲの古川は実に柔軟で、「おお、いいじゃないか。どんどん変えてくれ」とあっさりと言った。

古川はこの審査会の直前、社長から三つの宿題を与えられていた。

作業着姿の章男がデザインドームにふらりと現れたのだ。彼は三台のクレイモデルを眺めながら、「奇を衒《てら》ったデザインにはしないでくれよ」と言った。

「長く乗ってもらうためには、飽きのこないデザインがいいからね。スポーツカーなんだから、遊び心を忘れないでくれ。それに語れる蘊蓄《うんちく》が欲しいな」

章男が出て行ってから、古川は蘊蓄という言葉の意味を考えた。それは車のカタログにも掲載されていなくて、仲間に自慢できる仕掛け、隠された工夫のようなものということだろう。

それは多田の言う〝iPhone車〟、つまり、カスタマイズを前提とした車作りとも、ファンの言う「王道の車」とも矛盾しない、と古川は考えた。

あれもこれも……ひどく面倒だ。だが、やりがいはある。──この楽天主義があとになって、古川と富士重工業の設計者を苦しめるのだ。

それからさらに二ヵ月過ぎた。今度はデザイン本館四階の審査場に社長が現れた。本来なら、三度目のデザイン審査である「最終承認」の場のはずだったが、章男ひとりの承認を得るために開いたのである。

ターンテーブルには赤に塗ったA案の車が載っていた。トヨタルールでは、審査の車は車体の凹凸がきれいに出るという理由で、シルバーにすることになっていたが、「みんなが憧れるのは赤いスポーツカーじゃないか」と多田が言い出したのだった。

「これに決まりました。いかがでしょう」

多田が社長の顔を見つめると、「うん、いいんじゃないか」という声が返ってきた。どうしてこのデザインを選んだのか、思いつくかぎりの説明をしたが、章男はそれ以上、デザインについては言わなかった。デザインや理屈よりも車の走りを求めているのかもしれない。多田は「レース仕様に改造したときのことも考えてあります」とつけ加えた。章男は少し笑みを浮かべたように見えた。

章男は社長就任早々、経営危機に直面している。二〇〇二年以来続けてきたＦ１レースへの参戦も、二〇〇九年シーズンかぎりで撤退するところまで追い込まれていた。だが、彼はそんな後ろ向きの話や経営的な問題には一切触れず、審査を終えた。

社長の審査を受ける直前、多田は副社長の内山田ら二、三人の技術系役員に赤いクレイモデル車をこっそり見せていた。それなりに配慮をめぐらして進まなければ、他社と協業した異端のスポーツカーなどできるわけがない、と思っていた。

三　せめぎ合い

スバル町に近づいたとき、もう夜の帳《とばり》は降りて、戦前から栄えた企業城下町は夥《おびただ》しいネオンの光に包まれていた。ヒゲがトレードマークのチーフデザイナー・古川は、群馬県太田市の低い街並みが眩《まばゆ》い光の中に浮かんでいるのを、車の中から見た。

――たまげたな。

ピンク街と飲み屋が工場群の前にいきなり広がっている。富士重工業の群馬製作所本工場は歓楽街と正対しているのだった。いまはコロナ禍の下でじっと鳴りを潜めているが、古川が太田市に初めて出張したときの驚きはずっと心に残った。

トヨタ自動車本社でいえば、技術本館や工場を原色のネオンサインや居酒屋が取り囲んでいる感じだ。現実のトヨタムラにはコンビニすら見つからない。創業家一族やトヨタの番頭たちが華美を嫌ったためだが、古川が就職のため愛知県豊田市に足を踏み入れたとき、「なにもないところだ」と慨嘆したのが三十年前、スバル町に出張してくるたびに、あの簡素な光景が懐かしく思えた。

そんな感慨に至ったのは、自分はトヨタ文化に浸かった人間だということを、スバル町で思い知ったからである。

二つの自動車会社はそれぞれ、独自の歴史と文化としきたりをもっている。

トヨタの場合、「TS(Toyota Standard)」と呼ぶ独自の設計基準がある。過去の膨大なデータや試験の末に決定した厳格な基準で、これをもとに世界中で同じ品質の車を作っている。

一方の富士重工にも伝統的な設計基準があり、〝スバル語〟があった。だから、二つの会社の人々は異なるルールや言葉を乗り越えることから始めなければならなかった。

「初めに開発と部品の言葉を共通化しよう」

と言い出したのは多田である。

このままではいかん。間違いのもとになる、と嗅ぎ取ったのだった。新車を開発する際には、どこにエンジンや人を詰め込むかを描いたパッケージ図を描くことから始めるが、その描き方も用語も両社では違うのだ。開発の原点から異なっている。

車内からドアの開け閉めをするハンドルを、トヨタは「インサイドハンドル」と言い、富士重工は「インナーリモート」と表現した。ボンネットを開けたエンジンルームを、トヨタはエンジンコンパートメントを略して「エンコパ」、富士重工は「房内」と言う。

世間では「試作車」と一括《ひとくく》りに語るが、それを取っても、富士重工には「台車」と呼ぶ原型試作車から量産開始（ラインオフ）まで何段階もの過程があり、これまた両社でひとつひとつ用語が違う。CV車（Confirmation Vehicle）は、トヨタでは量産開始前の性能確認車のことだが、富士重工は「K3」と呼ぶ。多田が聞いたところでは「開発確認完了車」のことらしい。「開発」と「確認」と「完了」の頭文字のKを三つ取ったからなのだという。中島飛行機をルーツとする会社らしく、直接的でごつごつとした言葉を好んでいるように思えた。

協業の初めのころ、多田が「号口《ごうぐち》開始の時期ですが」と言ったり、「号試」という言葉を使ったりすると、「それは何のこと？」という言葉が相手方から返ってきた。そのたびにトヨタエンジニアは、それらがトヨタ語であったことに思いあたるのだった。そして、多田たちはこう答えた。

「トヨタでは試作のことを号試と言うんです。号口とは試作生産を終えて、生産本番で製品をラインに流すことなんですよ。生産ラインが流れ作業になる前は、車を百台のような単位でまとめて作っていて、最初のひとかたまりを一号口、次を二号口、三号口と言うわけです」

こんな説明をお互いに繰り返し、プロジェクトチームが共通言語を持つのに半年ほどかかった。

なお、号試移行とは、手作りの試作車から一歩進んで、量産のラインで発売一歩手前の車を作る段階に移ることである。トヨタ独特の用語だ。他にも、電話やオンラインではなく、顔を突き合わせることを意味する「面着《めんちゃく》」などとともに、トヨタムラでは普通に使われ、時々、それが辞書にはない企業言葉であることを知って驚く社員もいた。

古川と賚はよく喧嘩をした。一徹者同士だったこともあるのだろう。多田も、こりゃ大丈夫かな、と思っていた。それでも仕事の手を緩めないところが職人らしいところである。実は、そのきっかけは多田自身にあるのだ。注文が面倒なのである。こんなことを言った。

「運転席に座ったまま、タバコを地面で消せる低さにしてくれ」

彼の前にはデザイナーのチーフ古川や賚たちがいた。ふうん、という顔をした。以前にも触れたが、新型スポーツカーの開発では、企画からデザインまでをトヨタが、その後の設計や製作は富士重工が分担することになっている。それを多田のZチームが総括している。古川はひとつの案に絞ったデザインのイメージを残しつつ、製品化に向けて内装デザインをまとめ、富士重工の工場でちゃんと作れるように調整する役割を負っていた。内装デザイン担当五人、外形デザイナーと呼ばれるグループを五人、カラーデザイナー二人を率いて、富士重工の設計部隊につなげるチーフという役回りである。

「とにかく低い車にしてくれ」というのは多田の口癖だった。当時は空前のミニバンブームで、背の高い車が売れていた。そのブームに抗って極端に車高の低い車が走っていたら新鮮に映るだろう、と彼は考えている。

それで、「エンジンをなるべく低く積み、車高を低くして、運転席に座った時に『これはものすごく低いな』と驚くようにしてくれ」と告げたら、古川や賚が「でもね」と首を傾げた。

「ただ、低くしたいと言われても、どこまで低くするのかね。そんな曖昧なことじゃようわからん」

そう言われてハッとした。組織を挙げて障壁を突破しようとするとき、「とにかく低く」とか、「かつてないデザインのものを頼む」といった漠然たる目標を掲げるのが一番よくない。上に立つ者が従来にない発想を打ち出すのは当然のことだが、仲間たちに具体的な目標を設定することが画期的成果に導くコツなのである。

これは以前にも紹介したソニーの元副社長・大曽根幸三の実話だが、小さなＣＤウォークマンを開発する際、彼は「この大きさで作ってくれ」と設計担当者に告げて、厚さが約四センチ、十三・四センチ四方の正方形の木型を渡した。
「このサイズであれば中に何を入れようが構わない。音さえ出れば、あとは好きにしてくれ」とも言った。単純で明快な目標である。

大曽根は「大きさ半分、コスト半分、何でも半分にできると思え。知恵を絞るんだ」とも指示した。その下で担当者は紆余曲折の末、とうとう木型通りのものを作り上げた。上司の指示が明確ならば、部下はたいてい仕事をやり遂げるものだ。

多田は、「ようわからん」と古川たちに指摘されたことで、指示が具体的でないのに気づいた。それで、運転者が実感できる低さとは何か、古川たちを納得させるような低さのイメージを考え続けた。そして、以前に見たアメリカ映画を思い出した。

それはオープンカーが停まるシーンだった。男はドアを開け、座ったままくわえタバコを地面でもみ消した。あれだ、と思った。すぐに、「そんなことができる車にして欲しいんだよ」と古川らに告げた。

シートが低くなれば車のすべてが低くなる。そして世界中のスポーツカーの重心の位置を調べ、数値も用意した。当時一番重心が低いと言われていたのが、ポルシェの四百七十ミリだったから、多田は「その四百七十ミリを絶対に切れ」と指示し、一ミリ単位でシートやエンジンルームの位置を低くさせようとした。

古川は賚たちにこう頼み込んだ。

「垂直に立っているラジエーターを斜めにしてよ」

「何を言い出すんだ！」

彼らは怒った。冷却用のラジエーターが邪魔だから、斜めに配置できないかというのである。エンジンルームは複雑に部品が入り組んでいて、そこにこそ自動車会社のノウハウが詰まっている。エンジンは揺れ、熱くなるので、近くに変な部品を置くとすぐ壊れる。たくさんの部品がありながら、お互いに壊れないよう絶妙に配置されているのだ。

電気自動車が登場するまで、自動車産業になかなか新規参入者が現れなかったのは、エンジン以外にもこうしたノウハウの積み重ねがあるためだった。

トヨタの設計部隊ならこんな要求をしても騒ぎにはならないだろうが、人手不足で富士重工の力を借りている。しかも賚はエンジンルームの設計者ではなかったから、別の部署の同僚に事情を説明し、説得をしなければならないのだった。賚は怒り呆れながら、どう説明して収めるかを考えていた。

そんな立場を承知で、多田と古川はなおも細かな注文をつけた。

「この車はレース用に改造されるだろうから、重量はあまり増やさずに構造上、剛性は上げてほしい」

「窓下線のこのカーブを、あと二ミリ、せめて一ミリでいいから低くしたい」

「ユーザーがカスタマイズしやすいように工夫を形にできないか。フロントガーニッシュ（車前面の装飾パーツ）ひとつとっても取り外しできるようにしてみて」

一ミリでもエンジンの位置を下げた方がデザインとしては格好いいが、設計者の難度はさらに増す。カスタマイズの発想も設計者からすると面倒で仕方ない。そんなせめぎ合いを古川と賚は延々とやっていた。賚が怒るのは当たり前で、「やってらんねえな」と横を向いたり、「もぉ、ほんとに、いい加減にしてくれよ！」と吐き捨てるように言ったりしていたのだ。

ところが、いつのころからか、その古川と賚が妙に仲良くなっているのだ。毎晩のように太田の街に繰り出して酒を酌み交わしていたが、それだけではないようだ。多田が飲み屋で聞き出してみると、賚は眼を細くして打ち明けた。

「並みのデザイナーだったら、『とにかくもっとボンネットを低くしてくれ』とかそんなことしか言わない。でもあの古川という人はちゃんと中身の構造がわかっていて、『こういう構造にすればボンネットが下がって格好よくなるよ』ということを提案してくる。ぎりぎりできるデザインを強引に押し込んでくるから、俺たちも従うしかなくなっちゃうんだ。あれはすごい、あんな男がトヨタにはいるんだな」

多田は長い間、デザイナーと設計者のせめぎあいを見てきた。デザイナーが折れるのか、設計者が泣くのか。どうにもおさまらないことがしょっちゅうあったのだが、賚のように相手に惚れ込んで受け入れる設計者を見るのは初めてだった。

二〇一〇年に入った。

「あれができたから見てくれ」

と、その賚から多田に電話がかかってきた。急いで太田に駆けつけると、富士重工の試作品工場の薄暗いところに、がらんどうの車がぽつんと一台置いてあった。

「おお！」と多田は声を上げげた。それは古川たちがデザインしたスポーツカーのホワイトボディだった。

「ハチロクの顔してるなあ」

最初の部下だった今井孝範以来、多くのエンジニアが夢見た「新ハチロク」が形を現した瞬間だった。鉄板剝き出しで中身も色もついていない。だが、これにエンジンや座席をつければ完成する。それが多田には見えていた。

「ドンガラ」とその車体を業界では呼んでいるが、その出来が車の性能を左右する。これを設計するのが賚の本業であり、そこへ導くのが多田の仕事だ。

触ってみた。レース仕様を意識し、強度を増すための棒がさりげなく入り、鉄板が他より厚かったり、地面から力が加わる部分が丈夫に作ってあったりした。一方で必要のないところに穴を開けて軽量化を図っていた。レース用に改造するときに手間がかからないようになっている。

そんな車は走ったときに味わいが違う。ハンドルを切ったときの手応えも格別だ。剛性を上げる工夫と軽くする工夫が実にうまくバランスを取り合っている。

車の重心の位置はポルシェをしのぐ四百六十二ミリになっていた。ありとあらゆるものを下げて、量産車で世界で最も低く走る車になろうとしている。

「すげえ、こんなの競技用の車みたいじゃん」

「えー、そうでもないんだけどォ……」

賚はいつものようにはにかみながら、ウニャウニャと言葉をつなぎ、嬉しそうに笑った。

――俺はこのドンガラを見るために頑張ってきた。

多田は思った。

それは出世するとか、表彰を受けるとか、会社の業績の一端を支えるとか、定年後には泡のように消えてしまうものではなく、数奇者《すきもの》の魂をがらんどうの車に吹き込む、夢の実現だった。

第八章　長かったなあ、と誰もが言った

一　話が通じないやつら

　ドンガラが現れてから約二十日後、多田たちが「初号車」と呼ぶ試作車が富士重工業の試作品工場で完成した。

「ZR」チームの補佐役である野田利明やシャシー担当の佐々木良典たちも工場に出張してきた。多田がその前に見たときは剝き出しの鉄板で包まれていたのだが、D－4Sつき水平対向エンジンを積み、古川らデザイナーたちが苦心した低くしなやかなシルエットを輝かせて、プリウスタイヤで自立していた。二〇一〇年二月のことである。

「ハチロクだ。本当にできたねえ」

　佐々木は素直に喜びを口にした。

「よくここまで来たよ」

　多田は満面の笑みである。その夜は太田駅前の居酒屋で夕食を兼ねたささやかな祝杯を挙げた。

　ところが、野田だけは硬い表情を崩さなかった。堅実な技術者なのである。

「初号車」は「CV車」といって、まだ量産開始前の性能確認車だ。これから同じ車を百台規模で作って国内外を試走させ、乗り心地や耐久性を確かめ、「味つけ」と呼ぶ改良作業を始めなければならないのだ。

それもあって、パートナーである富士重工主査の賚寛海やエンジン担当の桑野真幸らはテストに追われて会社を抜け出せず、酒を酌みかわすこともできなかった。

多田はすぐに初号車をトヨタ輸送の特別トラックでトヨタの技術本館に移し、静岡県の袋井テストコースなどで試走を始める。富士重工側と合同の評価作業だったが、野田が心配した通り、さっそく注文がついた。

袋井テストコースで試乗した豊田章男が不機嫌そうな顔で、「いいんだけど、この車とは会話ができない」と言い残して帰ってしまったのである。章男はそんな物言いを好み、大勢の社員の前でもそんな話をする。

プロローグで紹介した年頭挨拶後の場面を思い出していただきたい。それは二〇一九年一月八日、トヨタ本社の社員ミーティングの様子である。

章男は年頭挨拶の後、約千五百人の社員の前で、技術部社員から「社長は技術部のことがあまり好きではないという噂を、ときどき間接的に聞きますが」と問われて、ハチロク試乗の話を持ち出したのである。正確に記すと、彼はミーティングで社員にこう語った。

「スポーツカー『86《ハチロク》』の初号車に試乗したときに、ドライバーの感覚としては『片思いの男性みたいな気持ちだ』と感想を述べたんです。ここで曲がりたいと思っても、車が『いやだ、ここは曲がるところではない、曲がりたくない』とか。ここでブレーキを踏んで、あの辺で停まってほしいと思っても、『ここじゃないんだ、こうやって踏んで！』といったように、なんとなく車との会話が成り立たない。おそらく私が感性で物事を言っているのに対して、技術部は普段、理屈で詰めて仕事をしているんだと思います。でも、本当にいい車を作りたいんだったら、理屈を超えてほしいし、私はユーザー目線で意見を言っているわけだから。そういう意味で、技術部のことが『好きとか嫌い』ではなくて、会話が通じない。そう思っているというのが、本当のところですね」

他のトヨタの役員たちは「いい車ができた」と初号車を絶賛していたのである。ところが、ひとり社長からダメ出しを食らって、残された技術者たちは唖然《あぜん》とした。真意がつかめないのだ。

「何を言っているのかな」

「車がしゃべりだすわけないだろう」

口を尖らせた者もいた。かといって、「あれはどういう意味でしょうか」と社長室に尋ねに行くわけにもいかなかった。スポーツカーが好きな章男が感じ取った感覚的なことなのだ。

ハチロク開発は予定より一年近く遅れている。改良に時間はかけられなかった。思いあぐねた末に、多田は二つの改善を施した。

例えば「音」である。多田は「会話ができない」理由のひとつは、スポーツカーらしい音、つまりエンジンサウンドが響いてこないためではないか、と考えた。

スポーツカーファンは「車の命は音だ」と言う。彼らが車を買って真っ先に取り替えようとするのがマフラーだという。みんな大きい音を出したいのである。だが、車外騒音規制が厳しくなっているので、メーカーはエンジン音やタイヤの音が響かないように工夫を凝らしている。これに対して、章男はアクセルを踏めば踏んだだけの音が欲しいようだ。ドライバーがヘルメットをかぶるとさらに音が聞こえにくい。マニアは音の反応がないと車がうまく反応してくれていないとも感じるのだ。

それで、多田はエンジン担当の中村に相談した。中村はもともと「NV」と呼ばれる騒音(noise)や振動(vibration)を抑制する専門家である。だが、真逆にある「いい音を出す」技術の開発は初めてのことだった。開発最終段階にきての大転換である。そのときの多田の指示は「物足りないという この車の中に絶対に音はある」というあいまいなもので、中村は社内を聞き回り、「サウンドクリエーター」という装置にたどり着いた。

それはエンジンの吸気音を車内に導入する装置だった。もともとはドイツのメーカー製で、レクサスの開発グループがこれを使って音をつける技術を開発したばかりだった。佐々木はそれを知っていて、その装置を外して富士重工に持って行き、「ちょっとやってみてよ」と入れてもらった。スピーカーから音を出す技術だから、下手をするとおもちゃっぽくなる。ドライバーに「気持ちいいエンジン音だ」と感じてもらえるように、エンジン室と室内を隔てる壁に小さな穴を開けて音を取り入れる工夫もしてみた。エンジンの吸気系から音を引っ張ってそれを増幅し、室内に取り入れるのである。

もうひとつの改善は、新ハチロクをスポーツカーの原点にセッティングし直したことである。

現代の車は初心者が少々の運転ミスや下手な運転をしても、それを電子制御などでカバーできるように作られている。ハンドルを切り過ぎたり、乱暴にエンジンを吹かしたりして雑に運転しても、支障なく走れるような工夫が施されているのだ。

しかし、スポーツカーマニアの間には「それでいいのか」という声がある。上手い者は豪快かつ滑らかに、下手な運転手なら腕に見合った結果が出る車こそが、本当のスポーツカーだというのである。

多田はその声を思い出して、こう考えた。

——社長が言ったのは、スポーツカーなんだから、その技量が現れて、ドライバーが車と渡り合えるものにしろ、ということなんじゃないか。よけいなことをしない車をもっと大胆に作れ、ということだ。

それで、運転時にあえて電子制御の介入を遅らせる工夫をしたり、エンジンやトランスミッションなど回転する動力を伝えるシャフトのゴムを固くしたりして、原点に戻すようなセッティングをしてみた。

改良した車を再び社長に披露したのは二〇一一年六月、ドイツのニュルブルクリンクだった。フランクフルト空港から北西に約百六十キロメートルの郊外にある。テストドライバーの成瀬弘が事故死したところだ。

空は真っ青に開けて、陽がさんさんと新ハチロクを照らしていた。

その陽を浴びて章男は約一時間も乗り回した。降りてくると、笑顔で「うん、いいね」と言った。完成が認められた瞬間だった。

自分の言葉の解釈が正しかったのかどうかは知らない。だが、多田はこれでよかったのだと思って、感動に包まれ、言葉もなく、仲間の佐々木を見つめた。その視線の先で「長かったなあ」という声が聞こえた。

二　自動車王国の妻たち

新ハチロクが完成すると聞いて、多田浩美はこの五年余、いつも神経を張り詰めていたことを思い起こした。

——長かったなあ。

夫が開発の特命を帯びた翌年の二〇〇八年から、浩美にはほとんど明るい記憶がない。息子が病気になったり、交通事故で救急車で運ばれたり、足首に腫瘍ができて手術したり、心休まるときがなかったのである。それでいて家族の手前、いつも明るく振る舞わなければならなかった。

交通事故の知らせを受けたのは夕飯時だった。救急隊員から電話があった。息子が職場から自転車で帰宅していたときに、右折してきた自動車にはねられたという。救急車で運ばれた、というだけで浩美は気が動転し、「命に別状はないので、安全運転で病院に来てください」という救急隊員の声を茫然と聞いていた。息子は車のボンネットの上にはね上げられて転がり、肘でフロントガラスを突き破ったらしい。

それを聞いて夫は顔を歪めた。二人で病院に駆けつけると、警察官も来ていて、「自転車の破損状態からみると、よく助かりましたね」と告げた。身体が震えた。

だが、酒が入っていた夫は何も言わなかった。自分を抑えていたのだろうか。彼は「仕事の九割は我慢だ」と言っていたが、そのときだけは解き放たれていてもらいたかった。大けがをした息子や動揺した自分に向けた言葉が欲しい、と浩美は思った。

そのころの多田はどんなスポーツカーを作ればいいのか、本当に開発ができるのか、五里霧中で働いていた。部下には愚痴れないし、仕事の悩みを妻に言っても通じない、と彼は思っている。Zチームに初めて抜擢されたころ、飯も喉を通らないほど悩み、さらに好きな車が作れず目標を見失いそうになったときも、妻には世話をかけたのである。だが、今ではそれをほとんど忘れてしまい、（ブツブツ言えるのは愛犬ぐらいのものだ）と考えていた。

きっと、同じ屋根の下で暮らしていても、仕事や自分のまわりのことだけに囚われ、浩美とは少し違う景色を見ていたのだろう。

多田のような生き方は、昭和のエンジニアや職人の世界では珍しくなかった。

第二章で紹介した長谷川龍雄はカローラの開発者として名前を残しているが、家族は彼の新車開発が本格化するとすぐにわかったという。

妻の三四子《みよこ》は、「もともと家庭を顧みない夫でしたが、そのときには、氷の壺に入ったようになるんです」と証言した。休みの日も「試運転をしなければいかん」と言って、試作車で走りに出るのだ。何度目かの氷の壺に入ったとき、あきれた三四子が「あなた、子供が何年生になったかご存じですか」と尋ねると、夫は答えられなかった。

中卒でトヨタの養成工から副社長へと昇進した河合満《かわいみつる》は、昭和の高度成長期に愛知県東加茂郡松平村（現・豊田市）の松平中学校を卒業すると、企業内訓練校であるトヨタ技能者養成所（現・トヨタ工業学園）に入所し、火の粉飛ぶ鍛造《たんぞう》工場で汗を流した。

そこで塩をなめなめ鍛えられる。夜は遅いし朝は早い。家に帰っても飲みに出たり、トヨタのインフォーマルな色々な会合に出たりしていた。ある日、保険屋のおばさんがやってきて、「河合さんに会いたい」と告げると、娘がこう言い放った。

「お父さんをつかまえるのは並たいていじゃないよ。私たちでもつかまえんのに、つかまえられるわけがない。つかまえたら大したもんだよ」

日産に勤める親戚の者も、「トヨタって、土曜も日曜もないのか」とびっくりしていた。

多田の僥倖は、三人きょうだいの末っ子に生まれた浩美が、じっと家族を待つことに慣れていたことだった。

多田がハチロクに乗って帰宅してきたのは、二〇一二年二月に開かれた発表会の直後だった。家の前の駐車場に入れ、

「できたぞ！」

と玄関口から声をかけてきた。

「数字の86が正式な車名なんだよ。乗ってみるか」

開発を始めてからずっと見たことがない、温かで愉しそうな笑顔を浮かべている。それから少し開発の話をしてくれた。

86発表会の会場には、マツダのスポーツカー部門を束ねた元開発主査・貴島孝雄も駆けつけてくれた。「ミスター・ロードスター」と呼ばれた貴島は、多田が苦悩していた二〇〇八年に

助言してくれた人物で、二〇一〇年度からは山口東京理科大学工学部の教授に就いていた。

貴島は発表会で、トヨタ社長の豊田章男や多田と握手した後、多田がライバル社の人間に悩みを打ち明けたエピソードを披露し、「私は多田さんに『スポーツカーの開発はエンジニアのパッションで決めるものです』と告げたんです」と言った。そうした言葉を吸収して、多田は、〈Built by passion, not by committee.（迎合はしない。情熱で作るんだ）〉という自前のスローガンをチームの指針としてきた。

そんな話を聞きながら、浩美は思った。

——この人は苦しみながら、楽しんでいたのだろう。こんな笑顔を見るのが私の一番の喜びなんだ。

その夜の夫はひどく人懐っこい顔をして、彼女も自然に小さな笑顔を開いた。

ところが、ハチロクの運転席に座ってみて、彼女はびっくりした。浩美はレクサスのように揺れない高級車よりも、振動を少し拾うような車の方が好きなのだが、身長百五十センチの彼女には低すぎたのである。

——私には運転は無理だ。

と彼女は思った。トヨタは「86」について、「AE86型カローラレビン、スプリンタートレノ（通称ハチロク）のように、お客様に愛され、育てていただきたいという想いから命名しました」と発表している。浩美は以前、そのレビンに乗っていたのだが、86は別次元の低重心で、乗り降りも大変だし、助手席に乗り込もうとすると、思わず「ドッコイショ」と言ってしまいそうだった。

それでも姿のいい車ではあった。その後、街で見かけるたびに、浩美は「やっぱり格好いいな」と思わず漏らしてしまうのだ。


開発者の家族の中で、次にハチロク市販車を見たのは、「のび太ーず」の長男格である野田の妻だった。

新型スポーツカーは発表会の翌月にまず富士重工業から「スバルＢＲＺ」の名前で、二〇一二年四月にはトヨタから「86」の名前でそれぞれ発売されることになっていた。発売直前に記者試乗会をやるというので、試乗会場に直行するため、野田は自宅に乗って帰ったのだった。

家の前に駐車場があって、彼は「これが今やってる車だよ」と家族に見せた。

「格好いい車だね。こんな車を作ってたんだ」

妻が言った。夜の闇が住宅街を飲み込もうとしていたが、真っ白の車体は灯りに浮かんで家の中からもすらりと美しく見えた。

多田と課長級の部下三人のチームのなかで、野田は最も温和で口数の少ない技術者である。ハチロクを手放しで褒めることはなかった。だが、試作車に乗る前に、ドアとフェンダーの隙間や段差、計器盤のパネル、ドアの内張り部品などを手でゆっくりと触ってみて、内心では

（出来がいいな）と思っていたのだった。

野田は毎日のように晩酌をする。缶ビールから始めて焼酎をロックで飲む。多田は彼がハチロクを家族に見せたと聞いて、むっつり屋の野田もその日ばかりは笑いながらこくこくと飲んだんだろうな、と思った。


佐々木良典は、ハチロクのナンバーつき試験車を父親の紫郎に見せに行った。紫郎はトヨタ技術本館の近くに住んでいる。

「これが俺が担当した車だよ」

佐々木が胸を張ると、目を細めて言った。

「よかったなあ」

紫郎はトヨタの元副社長で、主査としてカローラやターセル、コルサを開発し、初代レクサスも企画している。以前にも紹介したが、TE27型と呼ばれる初代のカローラレビンを完成させ、「おーい、面白い車持ってきたぞ」と自宅に乗りつけたことがある。その輝く2ドアクーペに出会ったことが、佐々木の人生を変えたのだった。

TE27は一九七四年に生産中止になったが、九年後に四代目レビン、つまりAE86として生まれ変わった。そして、今度は長男の自分がAE86の流れを汲むハチロクを完成させた。富士重工との協業だが、スポーツカーとしてあるべき性能は全部背負ったという自負があった。父親が「86」という車の名前と同じく八十六歳を迎えた年だ。連綿と続く開発の系譜のなかで、自分もエンジニア人生の終盤に差し掛かって、ようやく父に心地よい言葉をかけてもらえた。

「格好がいいなあ」

それは彼の胸を誇りでいっぱいにした。たまたま四十年前、父に誘われてレビンで走ったとき、佐々木は（なんて格好のいい車だろう）と思ったのだった。

そして、佐々木の長男もハチロクを見て、「この車なら欲しい」と言ってくれたのだが、女たちの反応は少し違うものだった。長女はレクサスを会社から運転して帰って乗せると、「私、こっちの方がいい」と言うし、妻は「うるさい」とか「低くて乗りにくい」とか言うのだ。

――まあそんなんだろうなあ。

と佐々木はつぶやいてしまった。それでも妻が少し遠くから、できてよかったね、という目で見ているのはわかっている。だから心の中で、ありがたいな、楽しいな、と思うことにしている。

中村和人の家では、もっと反応は薄かった。彼は多田のチームの末弟にあたる。といっても四十五歳になっていたが、中村はハチロクに乗って帰って、やっぱり子供の教育を間違ったかな、と思った。

特に長男だけは車好きにしたかったのだが、そうはならなかった。ハチロクの他にもいろんな車で帰宅したのに、賞賛の言葉を聞いたことがない。俺なら新車が次々と自宅に来たら嬉しくてしょうがないと思うのだが、車に飽きちゃったのだろうか。駐車場に停めておくと、むしろ近所のおじさんの方がそれをスマホに撮ったり興奮の声を上げたりするのだ。

子供たちが歓声を上げるのは、ハイブリッド車のプリウスや電気自動車「ＢＭＷ ｉ３」だった。プリウスＰＨＶはコンセントで充電するので、自宅の電源につなげていると、長男が「わっ、これ電気自動車なの」と駆け寄ってきた。

――ああ、やっぱりいまの子はこっちかあ。

学生だった長男はゲームや映画も好きで、映画『トランスフォーマー』に憧れ、映画に登場するフォルクスワーゲンのビートルに乗っている。流行の波は知っているつもりだったが、トヨタ技術者の息子がそういうふうになるものかね、と中村は少し寂しく思った。

そんな話を聞いていると、多田には富士重工と最後までもめたことがはるか以前のことのように感じる。富士重工にも意地があって、共同開発の「スバルＢＲＺ」と「トヨタ86」は骨格や部品の大半は同じでも、フロントマスクやバンパーのデザイン、値段、それに乗り心地も違ったものになった。バトルの結果だ、と関係者は言う。

「スバルＢＲＺは運転走行性が安定し、一方のトヨタ86は少しやんちゃな車」と評されている。それは富士重工が最終試作車を開発してきたときに、佐々木が「これは自分たちの目指すものとは少し違う。バネ（コイルスプリング）やアブソーバー（衝撃吸収装置）などを別に設定させてください」と富士重工の技術者に申し入れたからである。その結果、チューニングが繰り返され、ＢＲＺがグリップ力を重視した安定志向の走りなのに対し、トヨタ車はリア（後輪）を滑らせて楽しむ車となった。


その車を見せたいと思う相手が、多田にはもうひとりいた。

スポーツカー復活プロジェクトの最初の部下だった今井孝範である。開発がどうなるかさっぱりわからないときに、「やるんならハチロク復活に決まっていますよ」と言い続けた十八歳年下の技術者だった。

彼と二人で始めたプロジェクトだったが、多田はスポーツカー全体の収益を上げるために、彼を二〇〇九年初めに「スポーツコンバージョン車シリーズ」を生み出す部署に異動させていた。その負い目もあって、試作車ができるたびに今井を呼んで乗せていた。すると決まって、

「いいですねえ。この車全部をトヨタで開発したかったです」

と今井は嬉しそうに言うのだった。

その今井は発売されると、開発関係者で真っ先に白いハチロクを買った。

──それほど好きなのか……。

多田は今井を呼び戻し、ハチロクのモデルチェンジ車の開発要員に充てた。

これはそれから九年後の話だが、多田たちのトヨタ86は二〇二一年秋、フルモデルチェンジされ、「ＧＲ86」として発売されることになった。すると今度は、最終モデル、つまり旧型に

なるだろう86を、今井は買いに走ったという。それを聞いた多田は、
「俺たちは幸せだ。本物のファンが身内にいるんだから」
と言った。

三　エジソンのように売り込め

マルマン・モーターズは札幌から北に十二キロ、北海道石狩市の小さな自動車整備工場である。

店の前には二百万円で買った中古のポルシェが一台。主人は萬年《まんねん》広光という縁起のいい名前で、SNSをよくこなし、走り屋たちにも知られた存在である。

先の東京オリンピックの前年にあたる一九六三年生まれだが、いつも嬉々として快活な気性で調子者でもあったから、歳よりもずっと若く見られている。ちょっと小太りで血色も愛想もよく、「僕はいい人なんかじゃないですよ」と言いながら、福々しい笑いを浮かべている。

もともとは、札幌で個人経営のスーパーマーケットを両親と営んでいた。それが大手スーパーの進出で経営が立ち行かなくなり、土地を全部売って借金を片づけ、知人の勧めで整備工場

を開いた。いまは二人の従業員とともに車を修理したり改造したりして、油にまみれている。

本当は、スーパーの仕事が一番好きなのである。天気予報や季節の動きを読みながら、仕入れのタイミングと量を考える。

——来週はきっと寒くなるだろう。じゃあ今回は鍋具材でチラシを打ってみようか。

そう考えて新聞チラシを入れ、それがうまい具合に寒くなって、ドーンと具材が売れたときの気持ちよさったらない。

「ほら、やっぱり、俺が言った通りだろう！」。特売してない野菜も合わせて買ってもらえるから、鍋特集は儲かるのだ。おばさんたちに「美味しかったよ」とでも声をかけられると嬉しくて仕方なかった。

——時間を戻せるならもう一度、スーパーの仕事をしてみたいな。

あれこれと考えをめぐらせているうちに陽が暮れて、携帯電話が鳴った。『オプション』という東京の車雑誌の編集長からだった。

「マンネンさん、明日、お台場で新しいハチロクの試乗会があるんだけど来ませんか」

「えっ、東京ですか？」

二〇一一年も明日から師走に入るという夕暮れ時である。萬年はそのトヨタ86が三日前に富士スピードウェイで開かれたTOYOTA GAZOO Racing FESTIVALで披露され、一時間待ちの人垣ができたことを知っていた。車の発売は翌二〇一二年春に迫っている。

――先行してそれに試乗できるのか。それにしても明日かい……。

萬年は、携帯電話の番号に「86」と入れるほどの旧ハチロク(AE86型)のファンである。旧知の編集長はそれを試乗会の直前になって思い出したらしい。萬年は少し迷ったが、関係者にかぎって全長一・三キロメートルのコースを走らせるという話に引き込まれ、「行きます」と答えてしまった。

翌日、朝一番の飛行機で新千歳空港を発《た》った。東京湾に浮かぶお台場の会場、トヨタ・メガウェブのコースにたどり着くと、五十社ほどのチューニングショップの店主らが集っていた。関東や関西で名の通った車好きの顔があった。

その中に混じっても、萬年は自分こそが北海道一のファンだと思っている。スプリンタートレノは2ドアを新車で買ったし、二〇〇七年に店を始めたときは、カローラレビンにターボチャージャーをつけて店のデモカーとして置いていた。

車高の低いそれで降雪の街に繰り出すと、凍った轍《わだち》にはまり、車の底をガリガリとこすりながら走る。まるでラッセル車のようだから、北海道の仲間はその走りを「雪かき」と呼んでいる。それでも挫けないで苦労して走るのが、北の国のスポーツカー乗りだと考えてきた。そんなこだわりがあるから、トヨタと富士重工業の共同開発車をハチロクと名づけるのは気に食わなかった。かつての名車の名前に泥を塗るだけじゃないのか、と思っていたのだった。

ところが二〇〇〇ccの新車でコースを二周して、萬年は「こりゃあ、やられたな」と独り言をつぶやいた。軽快なハンドリングだ。特別にパワーがあるわけでもないし、アクセルを踏むのがおっかないほど加速する車でもない。しかし、口うるさい仲間からも「遅い車だ」などという声は出なかった。

萬年は冷たい潮風が吹き抜けるコースの端にずっと立っている。試乗した人が車から降りて何と言うか、どんな顔して出てくるか、と気になった。彼らはたいていニコニコして帰ってきて、「楽しいな」と漏らした。

彼がもっと驚いたことがある。

それはこの車の開発者であるトヨタの多田哲哉が試乗会の輪の中にいて、笑顔を振りまいていたことだった。町工場の主にとってチーフエンジニアは遠い敬慕の対象である。萬年は、チーフエンジニアがこんな場で気さくに話す姿を見たことがなかった。

——神降臨というわけか。何か仕掛けにきているな。

彼の視線の先にいる多田は、師匠だった都築功とその一番弟子の北川尚人から教え込まれた手法を実践していたのだった。チーフエンジニア自身が宣伝や広告に参加し、イベントにも登場して新しい車を売り込むのである。

実は一年半前に、多田は旧ハチロクのユーザーを富士スピードウェイに集めたイベントに参加し、マイクを握っている。それからも毎年八月六日を「ハチロクの日」として、その前後の休日の催しに参加していたのだが、それがようやくチューニングショップの経営者や改造業者たちにも広まり、認知されようとしていた。

以前にも紹介したが、都築はスポーツカーのスープラやラウム、ファンカーゴなどを開発した特異な技術者である。車を開発するだけでなく、チーフエンジニアは宣伝、広報、営業、販売まですべてを取り仕切るべしと語り、

「エンジニアは、発明王エジソンのようなこだわりを持つべきだ」

と技術者たちに教えた。

多くのチーフエンジニアはひとつの車の開発を終えると、その後は専門部署に任せている。だが、都築は、

「開発者こそがその車を一番知っているのだから、宣伝や販売にも責任を持つのは当たり前だ」

と主張し、関係者を集めた講演会でこう説いた。

「私がエジソンを好きなのは、みんなが作らないものを発明したことではなく、真っ暗闇の中にパッと灯りをつけたあのやり方なんです。ただ電気を灯すだけではプレゼンテーションとしてはわかりやすいが、驚きにはならない。街中のガス灯とろうそくの火をすべて消させたうえで、暗闇のなかで自分の発明した電球を一斉に点《つ》けさせた。パッと街が光の中に浮かび上がり、びっくりする、感動を覚える。つまり、みんなが驚くような手法で、生み出したものの素晴らしさを認知させる発想、センスが必要なんです。言うのは簡単だが、彼はそれをひとりで

やった。技術屋もそういう技能を少しでもまねすることが必要じゃないですか」

ヒット商品を生むには、モノ作りのハード面だけでなく、人の心にお祭りのような灯をともすソフト面も大切だと言いたかったのである。その都築と同じ考えを持つ北川はさらに過激で、自分でCMの絵コンテまで描いた。大手の広告代理店側に「こんな風に作ってくれ」と求めては、間に入るトヨタの宣伝部や国内営業部とよくもめていた。

「あなたは素人なんだから黙っていてくれ」と言われては言い返す。

「何言ってるんだ。作ってる方がよくわかってるんだ。俺たちが製品に込めた思いを、あんたたちのCMは全然表現できてない」

そして、小型トールワゴンのファンカーゴを売り出すときには、大手広告代理店三社が集まったCM制作のコンペに、Zチーム（製品企画チーム）として飛び入り参加した。コンペは落選に終わったものの、前代未聞のことだったから、代理店各社は困り果てた。北川は営業の担当者とも喧嘩をした。

「こんなにいい車を、君たちはたったこれくらいの台数しか売れないと言うのか」

「そう言われても……」

「俺たちがこんなに考えて作った車なんだ。なんで売れないんだ」

朝からもう言い合いだった。

それを見ていた多田は北川のおとうと弟子である。彼らは組織の中で少し浮いていた。それで、「技術に自信がないから、あんなまやかしみたいなことをやってるんだ」とチーフエンジニアに言われたり、「宣伝に顔を突っ込む暇があったら、車をちゃんと仕上げんかい」と叩かれたりしていた。

営業や宣伝部門も職域を荒らされるわけだから、ひどいバッシングをしてくる。しまいに、「わけのわからない技術のやつらがしゃしゃり出てくる。彼らをどこかに飛ばしてくれ」と技術系の役員に陳情に行ったという噂が流れた。

だが、都築や北川の教えは営業においても一貫していた。

「作り手の思いをお客さんに伝えることは難しい。その難しく大事なことを営業担当者に丸投げするのは間違っている。Zの者は営業にもちゃんと物申すべきだ」というのである。

そうした〝歴史〟があって、多田も新ハチロクが出来上がる二年ほど前から、宣伝や営業に口や手を出してきたのだった。彼が表に出る理由はもうひとつあった。

多田と営業部門との折衝で、新ハチロクの値段は一番安いもので百九十九万円、国内一千台を含め全世界で月産三千台と決まった。スポーツカーとしてはこれでも大変な数だが、月に数万台も売れる大衆車に比べると、プロモーションに使える資金は少なかった。

「何かいい考えはないか」とチーム全員で考えているときに、広告会社から出向してきた社員たちが面白いことを言い出した。

「テレビCMはやめませんか。カネがないならSNSを使って情報を発信したりして新しいマーケティングをしましょう」

それで大がかりなテレビCMはあきらめ、新聞広告も数えるほどしか打たなかった。

もともとスポーツカーの復活は、若者のクルマ離れに対する危機感から始まったプロジェクトである。従来の広告宣伝の手法から転換を求められた時期でもあったから、多田たちは、「スポーツカーは、カルチャーだ」と打ち出すことにした。まずカタログに載せた「峠へ、行こう」というキャッチフレーズを、SNSやウェブ、イベントで拡散しようと試みた。

「峠へ、行こう」は、五千万部を売り上げたコミック『頭文字D』の主人公が、旧ハチロクを駆って群馬の峠道で公道レースを繰り広げたことにヒントを得たのである。

車の低重心を強調するために、多田はカタログにも、「座ったままタバコを地面でもみ消せる」と謳おうしたが、「何を言っているんですか。それは反社会的行為ですよ」と反対された。「わかりやすいじゃん」と粘ったのだが、上からも横からも「絶対だめだ」と言われてボツになった。

多田がフェイスブックを始めて、メッセージを発信すると、世界中のスポーツカーファンから友達リクエストが殺到し、フォロワー数はたちまち五千人に届いた。イベントの写真や多田がサインしたり握手したりした写真がアップされる。すると、「いいな、俺もサインをもらいに行こう」と沸き立って、多田は朝から晩までフェイスブックの返信を書く羽目になった。

「こんな車を作ってくれてありがとう」という声があれば、「車のおかげで彼女と出会えました」という声もあり、批判もあった。あまりに反響が大きいので、投稿を管理する担当をつけてもらってチェックをした。

ハチロクに乗っていて、高速道路のパーキングでいきなり話しかけられたユーザーや、中高年になって新しい友達ができたという人も次々に現れる。ＳＮＳを通じたバーチャルな関係だったのが、スポーツカーという共通の趣味を持ったことで実際に出会い、友達や恋人に、そして夫婦になる人々もいた。

驚いたのは女性ファンの遊び方である。彼女たちはマイカーを「この子」と表現し、「今日もこの子の機嫌がいい」「きれいにしてあげたから喜んでる」と書き込む。そして、ハチロクを入れた写真を撮ってインスタグラムなどにアップして自慢し合ったり、車でケーキを食べに行くサークルを作ったりした。

彼女たちは自分の服をコーディネートしながら、車の色を塗り替えたり、バンパーの形を変えたりもしている。そうした〝愛車ファッション〟を楽しむ女性たちの出現は、多田たちの想像を超え、ＳＮＳの波及力と車の人を引き寄せる可能性を感じさせた。

だが、そうした反響は売れ行きにつながるのだろうか――。好き勝手にやってきたので、全く売れなかったら、多田にもトヨタのスポーツカーにも後はない。不安も膨らんでいった。

その一方で、後悔だけはしたくない、という気持ちがあって、多田は発売から一年半ほど、土、日に都合がつくハチロクのイベントや記者相手の試乗会には全部行った。妻の浩美も連れて行った。「ハチロクつながり」の結婚式にも出席した。

「今日が終わったら、あなた方はハチロクの伝道師です。地元に帰ったらどんなに小さくてもいいから集まりを開いて、オーナーとハチロクを中心に盛り上がってください。ハチロクのロゴも自由に使って結構です。その集会をトヨタは公認します」

あちこちで恥ずかしい挨拶をして、それが意外に受けることに驚いたりもした。イベントが毎週末、各地で開かれるようになったのはそれからだ。多くが三人や五人程度の規模だったが、企画が好きな者が手掛けると二百台も集まった。五十人で始まった「ハチロクの日」のイベントは四年後、一万人のファンを集めるようになる。

前述した萬年が、ハチロクを購入したのは二〇一二年四月の発売日のことである。販売店に頼み込んで、北海道で最初のオーナーとなった。

彼に火をつけた多田はそのころ、ヨーロッパ出張の準備を進めていた。ヨーロッパ中のジャーナリストを集めて、大規模な試乗会を開催するのである。

四　うちでもこんなのできるんだ

二十五人前後も集まったのに、それを祝賀会と呼ぶ者がいないのは、技術者だけの宴会だったからである。エライ人が出席したわけではなく、始まりの挨拶もごく簡単なもので、コップを握ったままお預けを食らうこともなかった。

会場の東武鉄道太田駅前の居酒屋は、富士重工業群馬製作所本工場に近かったから、賚寛海や桑野真幸ら富士重工のエンジニアが約二十人も参加し、トヨタ自動車からは多田哲哉のZRチームの四人が加わっていた。ささやかな集まりだったので、関係者の記憶はおぼろげだが、ハチロク発売から半年近く過ぎ、二〇一二年も秋を迎えようとしていた。

かつては、量産を開始すると大きなラインオフパーティが開かれていた。トヨタでも名古屋の一流ホテルのフロアを借り切って、技術陣から販売、工場関係者まで集めて祝賀会を開いていたが、リーマンショックの後、改めて経費節減の号令がかかると、とたんに規模は小さくなり、声高に万歳を叫ぶことがなくなった。

もともと車作りは、エンジンの開発、デザインの決定、試作車の完成と、それぞれの段階で達成感を味わいながら進む作業である。エンジンが完成して「おお、やっとここまで来た」と思わず漏らし、ドンガラと呼ぶホワイトボディの出現に胸を打たれることはあるのだが、最終の量産開始段階に至っても、多田たちはラインのそばにつきっきりで改善を加えなければならず、やれやれ発売だというころには、次の開発が始まっている。仕事に区切りがないのだ。

だから、記者たちに「どこが一番嬉しかったですか」とか、「記念セレモニーで祝杯を挙げましたか」と問われると、多田は困ってしまうのである。

それで「セレモニーはやることはやるんだけど、感動の祝杯というわけではないんですよ。だって僕らの仕事はエンドレスだからね」。つぶやくように言ったりする。

ただ、今回は「スポーツカー復活」を掲げ、会社の敷居を超えて、五年も耐えてきたという深い感慨があった。個人的にも（俺の人生の中でついにスポーツカーを作った）という思いがあったので、ささやかであっても区切りのようなものが欲しい、と多田は考えていた。

それにハチロクは予想以上に売れていた。二〇一二年二月に予約受注を始めると、月間販売目標の一千台に対し七倍の予約が入り、それも旧ハチロクを知るオヤジ層だけではなく、二十代から五十代まで幅広い年代から注文が入った。しかも受注全体の約九割が百九十九万円のモデルより百万円近くも高い「86GT」に集中した。

新聞には〈ハチロク快進撃〉と記され、発売から二ヵ月後、六月二十日付の日刊自動車新聞にはこんな記事が載った。

〈国内市場に久々に投入されたスポーツ車のトヨタ「86（ハチロク）」も好調で、6月15日時点での納期めどは10月以降だという。その兄弟車である富士重工業の「BRZ」も発売直後の約二ヵ月で月販目標の約4倍を受注、現時点では「納車は来年の3月頃になる」（富士重）という状況だ。ハチロクもBRZもエコカー補助金の対象外であり〝市場のニーズにマッチすれば売れる〟という現実を如実に示している〉

トヨタでは全国のトヨタ系販売店のうち二百八十三店舗に専門スタッフが常駐する「エリア86」という専用売り場を設けて売り、一方の富士重工も業績や株価が急上昇していた。だが、スポーツカーは最初に売れても、すぐ売れなくなったりする。それで賚と多田が電話をしているうちに、どちらからともなく、

「そこそこいい評判だね。一杯やろうか」

「うん、今ならいいだろう」

という話になった。

宴会は初めから無礼講である。酒豪の賚はいつものように陽気だった。酒に強くない多田がそのそばで「思ったよりずっと上手くいったねえ」などと話していると、若い技術者が多田の前に座って頭を下げた。

「うちでもこんなスポーツカーができるんだなと思いました。嬉しかったです」

賚の部下でボディ設計担当の技術者はビールを注ぎながら言った。

「トヨタさんに無理難題を言われたおかげで、富士重工の常識や枠を超えた仕事ができました」。それは婉曲《えんきょく》だが、感謝の言葉だった。

自動車会社にはそれぞれ設計基準や決まりがあり、社員を縛っている。だが、これまでにないものを共同で作るときには、その制約が邪魔になる。うちのやり方はこうだから、などと言っていられないからである。それで開発の終盤に入ると、多田は富士重工側に、

「文句があったらトヨタのせいにして、おたくの社内を通してくれよ。カネはトヨタの方でうまくごまかしておくから」

と言い、トヨタに戻ると、上役や同僚に、

「富士重工の連中は頭が固いから、こうしかできないんです」

と彼らを悪者にして、その場をしのいできた。協業ではそんなブレークスルーのやり方もあるのだ。

すると、賚が「多田さん、最近は何をやってんだよ」とすっと寄ってきた。

「うーん、もう疲れたから引退だ。ハチロクで大変だったから、余生はのんびり過ごすよ」

実際はそうはいかない。多田は五十五歳である。定年まであと五年。ハチロクが完成した後も試乗会の説明やハチロクのマイナーチェンジといった仕事が待っていた。

そのパートナーはやはり富士重工である。多田はそれからも賚の案内で群馬の山奥にぽつんと一軒開いている蕎麦屋に行き、人生や仕事の愚痴を語り合った。

ただし、親しい賚にも固く秘していることが、彼にはあった。

第九章　信じたことはやめたらいかん

一　トップシークレット

ハチロクを発売した一ヵ月後の五月十八日のことである。

多田哲哉はZRチームの仲間である野田利明らとともに、スペインのバルセロナで欧州試乗会を開いていた。バルセロナ市街と建築家アントニ・ガウディのサグラダ・ファミリアを見下ろす高台のホテルに、欧州各国の記者たちを順番に集め、パルクモートル・カステリョリというサーキットで試乗させるという大がかりな催しだった。

関心を集めるために、わざわざオランダトヨタのオーナーからトヨタ・スポーツ800、2000GT、AE86の三台を借り、「今度のハチロクはこの三台の名車をオマージュしたものなんです」と記者たちに訴えていた。

ほぼ中日のその日もようやく終わって、やれやれとカフェでコーヒーを飲んでいた夕暮れだった。現地のスタッフが「本社から電話です」と多田のところに飛んできた。技術担当副社長だった内山田竹志からだった。

「多田君ね、明日、内緒でミュンヘンへ行ってくれ」

「えっ」

「BMWと一緒に車が作れるか調べてきなさい」

「えーっ」。驚きで声が一段高くなった。

どういうことですか、と事情を聞こうとしたが、電話ということもあったのか、内山田は言葉を濁した。

「とにかくBMWと共同で作れるかどうか調べてくればいい。ミュンヘンの本社に行ったら人が待ってるから、そいつの案内で話を聞いてきなさい」

トヨタはこの二〇一二年に過去最多となる世界販売台数九百七十四万台余を記録している。二年ぶりに世界販売台数一位に返り咲いたのだが、欧州市場ではなお劣勢で、前年十二月にドイツのBMWグループとの間で、「次世代環境車・環境技術における中長期的な協力関係の構築に向けた覚書」を結び、その提携関係を強化しつつあった。

翌二〇一二年六月には、燃料電池システムの共同開発やスポーツカーの共同開発、電動化に関する協業、軽量化技術の共同研究開発という四テーマで、長期的な戦略的協業関係構築を目指していくという内容の覚書に調印していた。

その責任者が内山田である。電話をかけてきたのはこの調印の一ヵ月前だ。スポーツカーの共同開発は四つのテーマの中でも成果がわかりやすく、提携を象徴するような内容だったが、トップシークレットなので多田にはまだ知らされていなかった。

多田は野田を呼んで、「内山田さんの指示でドイツへ行ってくるよ」と告げた。今度は野田がびっくりする番だった。

「何かあったんですか！」

「俺にもわからんよ」

「ここはどうするんですか」

「とにかく秘密でだれにも言うなってことらしい。試乗会の段取りはもうわかっているだろうし、野田君、あとは頼んだよ」

多田はそれだけ言うと、翌日午前中には出発してしまった。

日米欧の自動車メーカーは生き残りをかけて合従連衡《がっしょうれんこう》を繰り返している。俯瞰《ふかん》してみれば、トヨタと富士重工のスポーツカー復活プロジェクトも、その業界再編の波の中で生まれていた。今度はＢＭＷと新車を作るということになれば、多田は面倒な国際戦略の渦の中に投じられたことになる。

その尖兵である彼は、ミュンヘンに向かう飛行機の中で、どういうことだろう、と考えていた。

――いまの俺に車を作れということはスポーツカーを作れということじゃないか。ＢＭＷと言えば、高性能エンジンの直列六気筒だ。直六を守り続けてきたのはＢＭＷくらいのものだからな。そこへ行けということはつまり、直列六気筒エンジンを積んだ本格スポーツカーを作れということだ。これは、トヨタのスープラを復活しろというお告げじゃないか。

何も言われていないのに、多田の想像は膨らみ、(これは運命かもしれないな)とも思っていた。かつての直列六気筒エンジンは高性能の代名詞で、振動が少なく、高回転域まで滑らかに回ることから、トヨタ2000GTやスープラ、日産のスカイラインGT、フェアレディZといったスポーツカー、クラウンやセドリックのような高級車に搭載されていた。

特にスープラは初代から二〇〇二年に生産を終了した四代目まですべて直列六気筒エンジンを搭載していた。エンジンが長く重いという欠点を抱えていたため、世界的には主力エンジンの座を譲っていたが、BMWとの共同プロジェクトであれば、次世代スープラエンジンは直六でなければならない。それができれば、師匠だった都築功や兄弟子の北川尚人たちの世界に届いたことを意味する。

彼はZチームに加わって間もない一九九八年のことを思い出した。

すでに都築はスープラの四代目「80スープラ」を開発したチーフエンジニアとして有名な存在だった。多田はその五代目を作る一員として抜擢されたのだと誤解し、都築から「一五〇〇ccクラスのワゴンを開発する」と聞かされると、「スポーツカー以外に、僕は興味がないんです」と口走ってしまった。

――都築さんに怒鳴られたなあ。車作りの本質がわからない奴にスポーツカーなんか作れるわけがない、と。

それから十四年、ハチロクを苦心惨憺《さんたん》作り終えて、導かれるようにミュンヘンに来ている。企業社会の中で見る夢はいつか必ず叶う、というものではない。実際は偶然が大きく左右するのだ。だが、その偶然にめぐり合うためにはただ行動し、周囲に訴え続けることが大事だ、と彼は思っていた。

幸いハチロクを作ったことで、追い風が吹いている。ハチロクを作る前の調査でも「スープラを作ってくれ」という要望はあったし、今は米国を中心に、「今度こそスープラを作らないのか」という声が上がっていた。それはスープラが米国映画『ワイルド・スピード』に登場して人気を集め、シリーズ化されたためだった。

ＢＭＷ本社ビルは「フォー・シリンダー」と呼ばれている。エンジンのシリンダーを模した円筒形を四つ組み合わせた奇抜な形をしているからだ。その一室に勇んで踏み込むと、部長クラスが現れ、いきなりＢＭＷの車作りの現状を説明し始めた。ちょうど電気自動車の発売直前である。その車の先駆性について熱心に話すのだが、多田は興味がなく、退屈で仕方なかった。

多田は自分の方から持ち掛けた。

「本格的なスポーツカーを共同開発できませんか」

すると、「それは本気で言ってるのか」と疑問と否定の言葉が次々と飛び出してきた。多くが技術系の中堅社員だった。

「本当に作るのか。そんな時代じゃないよ。うちもオープンカーのZ４の次期モデルを検討するためにマーケット調査をしたが、採算が取れるほどの顧客はいないぞ」

「トヨタ本社も本当に同じ考えなのか。君は役員でもないのにそんなこと言っていいのか」という声もあった。

だが、一方には事務系でプロジェクトを進める幹部もたくさんいて、「まあ、これから検討していきましょう」とこちらは実に愛想がよかった。

(何とかなるんじゃないの)という気がしてきて、多田は「いいパートナーとなれそうです」という趣旨の、後で考えれば実にお気楽なレポートを日本に送った。すぐに返事が来た。

「じゃあ、君がリーダーとなってZRチームで進めなさい」

そしてまた、とりあえず走り出した。

二　それならポルシェを買えばいい

ところが、多田の小さなプライドは早々に打ち砕かれる。

通称フォー・シリンダービルの会議室で、BMWの技術陣と議論していたときのことである。BMWはスポーツカーの代名詞であるFRの車作りが得意で、直列六気筒エンジンを持っている。スープラ復活のパートナーとしては最高だ。

そう思って多田は語りかけた。

「せっかく一緒にスポーツカーを作るのなら、ポルシェに勝つような本物の車にしましょう」

すると、机の向こう側のエンジニアたちが鼻で笑うように言い放った。

「何言ってんの！　トヨタは本気でそんなことができると思ってるのかい。そんなにポルシェが好きなら、ポルシェを買えばいいだろう」

「えっ……」。彼は唖然とした。

「BMW社員でポルシェに乗っているものもいっぱいいるよ。俺たちBMWは走りの性能でポルシェに勝とうと思ったことはただの一度もない。ラグジュアリーなポイントで、メルセデスに勝とうと思ったこともない。BMWのユーザーは、その中間をいつも求めているんだ。ラグジュアリーとスポーツが最良のバランスで同居している。これがBMWカスタマーの望んでいることだよ」

会議は英語で進んでいる。エンジニア氏は「ｗａｎｔ」を強調した。

新車の開発提案をする際、日本のメーカーなら、「あらゆる点でライバルに勝ちます」という案でなければ却下されることが多い。

絶対にそうはならないのがわかっていて、気合と根性で頑張るぞ、というのが日本のカルチャーだ。そして、この中間を求める志向が、日本企業では一番嫌われる。

だが、ドイツ人の言葉は正鵠《せいこく》を射て、ぐうの音も出なかった。

ポルシェみたいに走って、ベンツみたいにラグジュアリーなんて、そんなことあるわけねえだろ、と。そして、「ドイツメーカーが共存できているのはユーザーを住み分けているからだ」とも言った。それは会社というより、ドイツ人の考え方らしい。

確かにドイツには北部のヴォルフスブルクに「フォルクスワーゲン」の本社があり、南のシュトゥットガルトに「メルセデス・ベンツ」と「ポルシェ」があり、インゴルシュタットに「アウディ」がある。そしてさらに南のバイエルン州ミュンヘンにBMW本社があった。ポルシェやアウディはいま、フォルクスワーゲンの傘下にあるが、それぞれ独自のブランドで人気とファンを分け合っている。

これは多田が後で気づいたことだが、ドイツメーカーのエンジニアは、BMWにしろ、ポルシェ、ベンツにしろ、不思議なくらいに仲がいい。裏でみんなつながっているという印象だ。富士重工業でパートナーだった賚寛海はよく「ドイツは国全体が自動車会社じゃないか」と表現したものだ。

彼らエンジニアの多くがミュンヘン工科大学——東京大学より世界大学ランキングが上位だったりする——を始めとする名門の工科大学の卒業生で、多田が彼らと話した感覚では、「俺はBMWのエンジニアだ」という以上に、「俺は〇〇工科大学卒のエンジニアだ」という意識の方が強いように思えた。

世界最大の自動車部品メーカー・ボッシュなども含め、そんなエリートたちがメジャーな自動車会社の主要ポストを占め、卒業後も頻繁にビアガーデンなどに集まって情報を交換している。排ガス規制や衝突安全基準についても談じているのだという。

これに対し、日本では、トヨタや日産、ホンダなどといった会社のエンジニアが情報交換することはあり得ない。「エンジニア同士が接触した」、時には「近くにいた」というだけで、会社から怒られるぐらいだ。もちろんドイツメーカーも重要な部分は独自開発するのだが、情報交換を重ねた方がコストを下げられ、その分もっと大事なところにカネと技術を注ぎ込める。その方が顧客も幸せだ――という考え方をするらしい。

多田は、Zチームに抜擢される前の一九九三年から三年間、欧州トヨタに駐在し、そこからドイツ・ケルンのトヨタ・チーム・ヨーロッパに出かけて、世界ラリー選手権用のABSシステムの開発にも携わっていた。そこからフォー・シリンダービルを見に行ったり、現地採用されたドイツ人技術者から当地の自動車事情を聞いたりしていたから、ドイツの企業文化も知ったつもりでいた。だが、その自信は、両社が外交辞令を終えて本物の交渉に移ると跡形もなく消えた。

トヨタは世界販売台数一位と威張ったところで、欧州の市場シェアは四％程度に過ぎない。

それに多田は役員でもない。彼らから見ると、まだ得体の知れない東洋人に過ぎないのである。共同開発を軌道に乗せるにはまず両社で話し合い、どんな車をどんな役割分担で、何万台生産するのか、資金負担はどうするか、という協定を結ぶ必要がある。

互いの設計基準やルールも開示しなければならないのだが、二、三回の交渉で暗礁に乗り上げようとしていた。ＢＭＷはトヨタと丸ごと一台を共同開発すること自体が初めてで、そもそもトヨタ車に乗ったことすらないという技術者も少なくなかった。

――こりゃあ、前途多難だ……。

富士重工業との共同開発も大変だったが、こちらは言葉からして違う。ドイツ人はリスペクトできない相手を無理して受け入れることはない。「うちとやりたければうちのやり方に従ってもらう」という風である。

多田はその日も思いつめて帰国の途についていた。羽田空港から乗り継いで中部国際空港に向かう飛行機で隣の席に座った人物を見て、あれっと思った。

第一車両技術部主査だった宮寺和彦である。主査から「トヨタ　モーター　ヨーロッパ」に出向し、トヨタ紡織に転じた後、二〇一二年春から副社長に就いていた。軽く会釈をすると、耳元で「どこに行ってきたの」と声がした。

「ミュンヘンからの帰りです。ＢＭＷに……」

そこから話が広がった。お互いに身内意識があり、トヨタとＢＭＷが燃料電池システムやスポーツカーの共同開発など四項目の覚書に調印していたことが公になっていた。宮寺は多田が苦労していることを見て取ったようだった。

「ＢＭＷか。さぞかし大変だろう。トヨタ紡織はすでにＢＭＷとシートの内装取引があるんだがね」

その言葉で多田はＢＭＷの本社で聞き流した電気自動車「ＢＭＷ ｉ３」とプラグインハイブリッド車「ＢＭＷ ｉ８」の説明を思い出した。この二つの車のコンセプトモデルが「東京モーターショー２０１１」に出展されていたが、そのシートを供給したのはトヨタ紡織だというのである。

「シートの取引といってもえらい大変なんだ。トヨタとまったく商売と仕事のやり方が違うし、苦労しているところなんだよ」

それで多田の口がほぐれ、ドイツでの共同開発の壁をぽつりぽつりと訴えた。

「両社でスポーツカーを開発するんですが、うまく話が通じなくて困っているんです。パートナーとしては最高のはずなんですが、先が見えなくて、どうしようもない」

「シートだけでも大変なのに、車一台を一緒に作るなんてえらいことだな」

お互いに「えらいことだ」と言い合って、その場は別れた。しばらくして宮寺から電話があった。

「うちにＢＭＷのシートのプロジェクトを担当していた男がいて、シートだけじゃなく、車全体の勉強をさせたいんだ。多田さんのところにしばらく貸してあげようか。すごく優秀だし、そもそもＢＭＷがどういう会社なのか、実際につきあいがあって知っているからね」

彼は「トヨタの緊急事態だから何とかできないかと思って」ともつけ加えた。ＢＭＷプロジェクトの専任メンバーが決まったのはその瞬間だった。ハチロクのモデルチェンジをしている古手の野田利明や佐々木良典にも手伝ってもらっていたのだが、新プロジェクトはまだどうなるかさっぱりわからなかったので、彼らを専任者とするわけにはいかなかったのである。

トヨタ紡織からZRチームへの出向人事は、トヨタ紡織社長である豊田周平にも相談して了解を取りつけているという。ちなみに周平は、現在のチーフエンジニア制度の原型を作った豊田英二の三男である。

そうして二〇一二年末にやってきたのが、入社十九年目の後藤靖浩だった。細い目がいつも笑っていて、何を聞いてもはきはきと即答した。ドイツ語は今ひとつだったが、ヨーロッパに駐在していたから英語は上手く、彼の地の仕事のやり方を理解していた。何より元気な奴だ、と思えた。彼がトヨタの総合企画部や知的財産部などと連携して担当したのが、共同開発の前提となる設計基準や開発ルールの開示作業である。

「すべてはここから始まるんだ」と多田は言った。

トヨタには「ＴＳ（Toyota Standard）」と呼ぶ独自の設計基準があることはすでに触れた。

過去の膨大なデータや試験に基づく厳格な基準で、現在は電子化されているが、紙に落とせば広辞苑十冊をはるかに超える分量だという。これをもとに世界中で同じ品質の車を作っている。

面倒なのは共同プロジェクトの場合だ。

相手のメーカーにも伝統的な設計基準があり、両社が「この車の設計上、どうしてもこの部分の開示は必要だ」と逐一判断したうえで、それを突き合わせる。開示の判断はエンジンやタイヤ、ボディの強度などあらゆる設計分野に及び、「これはどちらの基準でやりますか、あるいは今回だけの新しい基準を作りますか」という具合に決めていくのである。

トヨタの元エンジニアはその膨大な作業についてこう語る。

「わかりやすい例を挙げると、どんなに寒いところでもエンジンがちゃんと一発でかからなくちゃいけない。その基準設定をマイナス三十度に置くのか四十度とするか、基準がないときちんとした車は作れない。車は暑いところから突然寒いところに行くこともあり得る。トヨタ車のエンジンはマイナス三十度とプラス三十度ぐらいを交互に五分おきに繰り返し走っても異常がないようにするとか、台風の中で普通に走れるか、水浸にどれだけ耐えるものにするか、どれぐらいまでなら客からクレームが来ないかとか、とてつもない事例とルールがTSに盛り込まれている。ものすごくお金をかければどこでも走れるようにはできるものの、そんな戦車みたいな車は一般ユーザーにとっては必要がない。だから、軽くて気持ちよく走れ、値段もリーズナブルという条件をうまく折り合わせるのが、共同開発の最初の、そして一番大事な仕事なんですよ」

ハチロクの開発では、富士重工とその作業を延々と続けた。

ところが、ＢＭＷは企業対企業の公式なやり取りになると、その点は企業秘密だということが多かった。ノウハウの海外流出を恐れているのだ。両者の間でこんな論争に発展する。

「開示してくれないと、車ができないじゃないか」

「ああ、そんなの大丈夫、大丈夫。俺たちに全部任せてくれ。別にトヨタのテクニカル・スタンダード（技術基準）や条件なんかを聞くつもりもない。そんなことを心配しなくてもいいよ」

共同開発の受け取り方が全く違っていて、まるで受注生産であるかのように言う。

「トヨタが欲しいものを言ってくれ。それだけでいい。後はうちが全部うまく取り計らってやるよ」

トヨタの安く壊れないモノ作りには敬意を表するが、車の、とりわけスポーツカーを作るノウハウは俺たちが圧倒的に進んでるはずだ、という自信が透けて見える。

トヨタ側のプロジェクトのトップは二〇一二年六月に代表取締役副会長に昇格した内山田竹志だった。彼もまたＢＭＷには共同開発の意味が理解されていない、と考えていた。彼は役員を連れてミュンヘンに行き、定期的にＢＭＷの役員たちとテレビ会議を開いて、共同開発が対等な関係のもので、トヨタ側でそれを仕切るのはチーフエンジニアであることを力説する。それでもプロジェクトが動き出すのに一年以上も要した。

特にBMWの幹部たちが訝しんだのが、「主査は製品の社長であり、社長は主査の助っ人である」というトヨタの思想である。それは豊田英二が唱え、技術職がトヨタに入社すると教えられるイロハのイだが、BMWには信じられないことだという。

「部長級の人間が車の仕様を決めるって？　そんなことをして、もし車が売れなかったら、だれが、どう責任を取るんだ」

と、幹部エンジニアは言った。

BMWでは毎週の役員会で新車の性能やデザインを決めるらしいが、トヨタはそれを決めるのがチーフエンジニアだ。

「その俺がいいと言ってるんだからいいんだ」

多田が仲良くなったBMW幹部に何度言っても、「えー、本当にいいのか。お前、首が飛ぶぞ」と真顔で言った。

「お前ともう少し長く仕事をしたいから、首になるのは困るんだ」

どうやらこれは意地悪ではなく俺の立場を心配しているのか、と思っていると、「だから、役員の了解をもらってきてくれ」と告げられ、多田はげんなりさせられるのだった。

三　バトンを渡してやってくれ

会社から戻ってくると、夫からぽつりと声が漏れた。

「スープラの発表には、携われないかもしれないな」

悄然とした響きだった。それを聞いて、多田浩美は夫の定年がいよいよ近いことを思い出した。

――ああ、それなら早く会社を辞めてくれた方がいいな。

ハチロクに続くスープラの開発は、遅々として進まなかった。夫は富士重工業とハチロクを制作するときから出張が多くなっていたのだが、今度の五代目スープラの開発では毎月のようにドイツに行き、一週間ほど滞在しては考え込んで帰ってきた。その合間に、国内外で開かれるハチロク試乗会に出かけて行き、家にじっとしていることはほとんどなかった。

浩美から見ると、結婚したころはとても扱いやすく、一緒にいて楽な人だったのだ。だがどんどん気難しくなって、旦那には向いてないんじゃないか、と思うことさえあった。ハチロクを開発する途上では仕事のことも時々話してくれたのだが、ＢＭＷとの共同開発が始まると、会社のことも話さないのだ。世間では「退職した夫がずっと家にいると煩《わずら》わしい」なんてことを言う妻もいるらしいが、彼女はそうは思わなかった。

——普通の人になって、家に戻ってきて欲しい。

トヨタで働く人たちの家々を歩くと、浩美に似た声を聞く。それはトヨタに限らず、会社や仕事から夫を取り返したいという家族たちの、静かな溜息に違いない。

トヨタには秀才から大番頭、奇才に至るまで光り輝く人材がいた。世界中に約三十七万人の社員がいるのだから当然のことだが、その中には若い技術者の尊敬を集めるスターエンジニアもいた。

そのひとりが、セリカやカリーナ、スープラなどスポーティな車を開発した久保地理介《くぼちりすけ》だった。多田よりも十七歳年上の一九四〇年生まれで、東京大学工学部機械工学科を卒業している。

Zチームが製品企画室と呼ばれていた時代に、ヌシのような存在だった元副社長・和田明広の一番弟子だった。社内の走り屋が集まった山岳スポーツラリーで優勝したりして、「日本で一番速く走るチーフエンジニア」と言われ、新聞にもその異名が掲載されている。

ロックとジャズ、それにビートルズを愛し、「試乗」と称して会社にあったフェラーリからベンツ、プジョー、日産、ホンダ、マツダ、スバルまで一週間ごとに乗り換え、ゴルフ場などに愛車のポルシェで現れた。降り立つときに走り屋の面構えが垣間見え、多田にはまぶしく映った。

やがて技術統括部長から取締役に昇進し、トヨタ車体の社長、会長に転じる。出世の階段を上るにつれて、やつれていくように多田には見えた。トヨタ車体に出た後、ゴルフで一緒にラウンドした多田が「体の調子はどうですか」と尋ねると、笑いながらこんな話をした。

「うちの家内に言われるんだよ。『お父さんはあんなに素敵な人だったのに、トヨタに私のお父さんを取られた。もう返して欲しい』ってね」

その言葉にひどく説得力があり、多田は黙って憧れの人を見つめた。


「スープラの発表には携われないかもしれない」と多田が浩美に打ち明けたのは五十六歳を過ぎたころだった。BMWとの共同開発を指示されてから一年半ほど過ぎたころに、技術担当副社長に現状説明に行った。そのとき、こう告げられたのである。

「多田君、BMWの件だけど、たぶん最後までやれないからね。どこかで若い人にバトンを渡してあげてほしいんだよ」

スポーツカー作りはエンジニアの夢だ。だれもが開発に携わりたいと思っているので、できるだけたくさんの社員にチャンスを与えたい。そして、チーフエンジニアを育てたい、というのである。もっともなことではあった。

チーフエンジニアが一車種を完成し終えたとき、たいてい定年の壁が近づいている。いくつもの車を担当することができた者はまれなのである。

多田はその幸運な部類の技術者だった。開発主査だった時代に、上司の北川尚人からラウムの仕上げを引き継いだ後、パッソ、ラクティス、ウィッシュというミニバンを手掛け、そのあとハチロクを完成させている。その間にも多くの車のマイナーチェンジを担当してきた。

この先に、五十代半ばのチーフエンジニア、つまり部長職に何が待っているかといえば、推薦者がいれば役員の道もないではないが――技術系の元幹部に言わせると、事務職に比べてエンジニアは不利な立場にある――かつては、「関連会社に出向してはどうか」という声がかかったものだ。

先輩のチーフエンジニアたちはそうして出ていった。多田が師事した都築功は五十五歳でトヨタ系の部品メーカー・津田工業に転じて社長に就き、北川はカムリを開発した後、五十二歳でダイハツ工業に出向して専務になった。多田の時代になると、だんだん受け入れ先は細り、彼自身には出向の打診もなかった。

多田は三菱自動車の出身である。そこを辞めて一度ベンチャー企業を興した後、大学の同級生より八年遅れてトヨタに中途入社している。そうした経歴のためか、それとも好き勝手に仕事をしてきたためなのか、もちろん本人にはわからない。

仲間の野田や佐々木をBMWプロジェクトの専任担当者につけなかったのは、ハチロクの年次改良という仕事があることに加えて、多田自身がそのうちにプロジェクトから離脱せざるを得ないだろうという気持ちが働いたからだ。チーフエンジニアが交代すれば、プロジェクトのメンバーも入れ替わることはよくあることで、多田と一緒に仲間も交代ということになっては申し訳ない、と彼は思っていた。

多田にBMWプロジェクトをやれ、と指示したのは内山田である。内山田は開発現場の理解者で、多田がBMW側との折衝に苦労していることをよく知っていた。BMW側が部長職である多田の説明や提案に納得せず、「トヨタ役員会の了承を逐一得てほしい」と求めてくると、「トヨタは今回のプロジェクトを、チーフエンジニアの多田に任せています。ですから、彼がいいと言ったらそれで進めてください」

と説明してくれた。それでもなお、もめ続けたのである。BMWは頑なにスタイルをつらぬこうというドイツらしい企業であった。

窮状を見かねた内山田は、多田にこんなことを言った。

「お前、もうBMW側には適当に返事しておいていいぞ。細かなことをいちいちトヨタの役員会にかけたって決まりやしない。BMWとの関係がぎくしゃくするようだったら、お前が適当に返事しとけ。俺がうんと言ったということにすればいい」

だが、彼は二〇一二年六月に技術担当副社長の座を譲り、代表権のある副会長に昇格していた。翌年には日本経済団体連合会副会長やトヨタ会長の要職に就いて、BMWプロジェクトからも離れ、より俯瞰的に経営や日本経済を見る立場に変わっている。さらに、内閣府総合科学技術・イノベーション会議有識者議員や経済広報センター副会長など公的な仕事を依頼されるようになって、現場から少しずつ離れていった。

「豊田章男社長が車好きだったことはもちろん大きいが、内山田さんがいなかったら、スポーツカー復活プロジェクトはとっくにつぶれていた」と多田は言う。

トヨタほどの大企業になると、言われた通りにきっちりと仕事ができる社員がたくさんいる。だが、無から新しいものを作りだす商品のセンスを備える者はほとんどいない。トヨタの元幹部はこう証言する。

「どんなものが売れるか、どんなものを客が待っているか、客自身にいくら聞いてもわからない。マーケットリサーチをいくらやっても、それで出てくる結果はやはりありふれている。そういうリサーチを超えて、『絶対、これがいけるんだ』というものを直感的に見つけられる人間がいる。それがZのチーフエンジニアには最も大事な資質なんだが、そうした人材は、平凡な上司や同僚たちの嫉妬の海を泳いで生き抜かなければならないから、組織には彼らを庇護する上役が必要だ」

プリウスを苦心惨憺して開発した内山田にはそれがわかっていたのだろう。社内の異能のエンジニアたちをこう励ましていた。

「まわりのやつがぐじゃぐじゃ言っても、信じたことはやめたらいかん」

だが、その内山田が会長に昇格すると、現場から個別案件や相談事を持ち込めなくなった。

おまけに多田自身がいつプロジェクトから外されるかわからないのだ。

――そうか、スープラは最後までやれないのか。そもそも新しいスポーツカーを二台も作ろうなんて虫がよすぎたか。

多田は記憶をたどった。普通の車は三年ほどで何とか完成するのだが、共同開発のハチロクは二〇〇七年一月に始めてから発売までに五年三ヵ月もかかっている。スープラの開発を事実上、指示されたのは二〇一二年五月だが、彼が六十歳の定年を迎えるのは二〇一七年三月だから、もともと五年の時間しか残されていなかったのである。

そしてさらに時が過ぎて定年の日まで、残すは四年足らずだ。最後の仕事を途中で若手に託すのか……。暗然として、しばらくは仕事に身が入らなかった。


ところが、ＢＭＷプロジェクトの後任者は半年過ぎても決まらなかった。

多田は首を傾げた。ＢＭＷとのプロジェクトはとても最後までたどり着けない、という社内の雰囲気である。富士重工業とハチロクを作り始めたころに似た、否定的な空気だ。

――今さら人を取り替えてもうまくいかないと思っているのか。どうせ潰れるプロジェクトなら、あいつに押しつけとけ、ということだろうかな。

不思議な人事が発令された。二〇一四年一月からチーフエンジニア兼務でスポーツ車両統括部長に就け、というのである。給料は変わらないが、ＢＭＷプロジェクトを含めて、トヨタ全体のスポーツモデルを統括する要職に立ったのである。若い者にバトンを渡せと言われたのに、五十七歳を目前にして、この人事はどう受け取ればいいのだろうか。

「だれかがとりなしてくれたらしいですね」と言う者があり、「お前、実は上層部に嫌われていて意地悪されているぞ。表面上、ハイハイと言うことを聞くふりをしているのがバレているんだ」と深読みする同僚もいて、ますますわからなくなった。

心は穏やかではなかったが、後任者が名乗りを上げないのは、スポーツカー作りに日々を過ごせるということだから、ここは黙々とBMWと折衝を続け、一方ではハチロクの年次改良や新たなモデル作りに励むしかなかった。スポーツカーは毎年進化を続けていかないと、そこで売れ行きが止まるのである。

幸いなことに、ハチロクはスポーツカーファンの支持を得ていた。販売台数は約二年で十万台に達し、最初の購買層は四十、五十代が中心だったが、その後は三十代以下にも売れ、全世界累計の販売数が、北米で約九万台、日本で約八万台を始め、総計で約二十三万台（二〇二一年五月末時点）に到達した。スポーツカーは十万台を超えるとヒットと呼ばれ、パーツを作る会社が食っていけるという。

その余勢を駆って、多田や野田、佐々木たちは百台限定の86GRMNをトヨタの工場で作って一台六百四十八万円で売ったり、ハチロク後期モデルと呼ばれる新車を制作したり、新たなモデル・GR86を発売したりした。

「スポーツカーなんか売れない」とさんざんけなされ、「買ってくれるのはオッサンだけだ」と言われてきたので、多田は試合に勝ったような気持ちになった。広告や宣伝、販売、広報と力を合わせ、車の遊び方にまで工夫した企画を作れば若者や女性にも売れるのである。

ハチロク発売時にSNSやウェブ、イベントを活用して、「スポーツカーを買って、みんなで楽しむ」というカルチャーを広げたいと思っていたが、それが定着しつつある、という実感もつかんだ。

フェイスブックの集まりだけを取っても、日本で「全国86車好き愛する会」（二〇二三年一月時点でメンバーは二千六百九人）や「86で走る日本の峠」（同千五百三十八人）、「トヨタ86×スバルBRZ@関東コミュニティー」（同千六十一人）などが次々と登場し、現在では百人以上のものだけで四団体、延べ五千人のファンが交流している。

交流の輪は海外にも広がり、北米で十一グループ、欧州で四グループ、豪州・ニュージーランドで六グループ、中東・アフリカで三グループ、アジア・その他で七グループ、すべて合わせると十七万のメンバーが活動していた。これはトヨタやスバルとは無縁の自由なサークルである。

若者の車離れは、実は自動車会社が若者たちを見捨てたところも大きかったのだ。

第十章　染みついた流儀を捨てろ

一　忖度しない男

技術本館のトイレで、多田は縁なし眼鏡の技術者に出くわした。短髪のその男はまだ三十九歳なのに妙に落ち着き払って、小便器に向かっている。気難しいという評判そのままだった。

多田はいつものポロシャツ姿ですっとそばに寄り、いきなり話しかけた。

「お前、ＢＭＷのプロジェクトに来ないか？　ドイツ語がうまいそうじゃないか」

「はあ」

「ＢＭＷのプロジェクトがいま大変なんだ。ちょっと手伝ってくれないか」

二〇一三年春、多田は膠着《こうちゃく》したプロジェクトを再起動させるために、ＢＭＷ本社のあるミュンヘンに、トヨタの駐在事務所を設けるしかないと考え始めていた。

——このままドイツ出張を繰り返しても、らちが明かん。ハチロクを富士重工業と共同開発するときも大変だったが、ＢＭＷとの協業はとても比較にならない面倒さだ。本社から現地駐在員を送り込むしかない。

問題はその駐在員である。ひとりはトヨタ紡織から出向してきた後藤靖浩がいた。彼はトヨタ紡織でBMWのシートプロジェクトを経験している。さらにもうひとり、ドイツ語でコミュニケーションを取れる生え抜き社員が必要だった。

トイレで声をかけられた男は甲斐将行《かいまさゆき》という。多田の仕切るスポーツ車両統括部の主任だが、「Vitz《ヴィッツ》 GRMN Turbo」という別のプロジェクトに携わっていた。

甲斐はドイツで生まれ、そこで学んだドイツ語を忘れないように、世界中の雑誌、新聞を集めたスポーツ車両統括部の一角で、ドイツの日刊新聞や自動車専門誌『アウト・モトール・ウント・シュポルト』を読んでいた。彼の心の中では、ヨーロッパを中心に世界は動き、その中でもドイツのメーカーは理想的な車を作っている。

その姿を多田は見ていた。

――なんでこいつはドイツ語が読めるんだ？

不思議に思って、甲斐の経歴や評判をあちこちに聞いて合点がいった。

甲斐はブラウンシュバイクという音楽の街で生まれ、音楽家の両親とともにマールという小さな街で暮らしていた。そのブラウンシュバイクは、日本人にもなじみのある作曲家のハインリッヒ・ヴェルナーが没したところだ。彼の「野ばら」は、ゲーテの詩にヴェルナーが曲をつけたもので、「童《わらべ》はみたり　野なかの薔薇《ばら》」で始まる民謡風の旋律である。

その地のブラウンシュバイク国立歌劇団で、甲斐の父親である道雄は首席フルート奏者として活躍し、ピアノ留学中だった母と結ばれている。三歳下の妹もやがてバイオリン奏者となり、甲斐もバイオリンを習った。伯父の甲斐説宗《せっしゅう》もベルリン音楽大学で学び、東京学芸大学で教えた高名な作曲家だった。本物の音楽一家である。

一家が日本に帰国したのは、ベルリンの壁が崩壊する五年前の夏だ。祖母の介護のためで、甲斐は小学五年生になっていた。それまで現地の公立小学校に通いながら、母親の運転で週二回、片道一時間かけてデュッセルドルフに通い、補習校で国語や算数を学んでいたという。

帰国して三年ほどで、彼は音楽の世界と決別した。両親を見ていると、才能の上に努力を積み重ねているのがよくわかった。

――もともと才能がないところに、いくら努力をしても無駄な世界だ。

そう見切りをつけ、「バイオリンをやめたい」と母親に告げた。自律的で硬質な性格を備えている。言い出したときには、もっと興味があるものを見つけていた。レーサーになりたいという夢だ。

そんな過去を知って、多田は甲斐に強く惹かれた。秀才はトヨタにたくさんいるが、これはとりわけ面白い男だ、と思った。

ところが、甲斐は多田の誘いをあっさりと断った。

「Ｖｉｔｚ　ＧＲＭＮ　Ｔｕｒｂｏの開発が終わるまで待っていただけませんか。いま私が離れることは無理なんです」

多田は目を丸くした。

「こんなに面白そうなプロジェクトを断るというのか！」

多田はその翌年からスポーツ車両統括部長を兼任するのだが、そもそも社内に約二十人しかいないチーフエンジニアの誘いを断ることはあり得ないことだった。甲斐はBMWプロジェクトを知っていて、内心では（ドイツ人との仕事なら俺がやらずしてだれがやるんだ）と思っていた。だが、それがうまく伝えられないのが、彼の世渡り下手なところだ。多田は、なんだこいつは、と首をひねった。

甲斐の言うのは、大衆車のヴィッツを二百台限定でスポーツ仕様にして売り出すプロジェクトである。それが「量産トライアル」という最後の局面を迎えていた。スポーツ車両統括部に甲斐が異動したとき、上司のグループマネージャーから、「三年の時間と五億円の予算、題材としてヴィッツを与えるから、それでGRMNという車を好きに作れ」と指示された案件だった。

彼が所属するスポーツ車両統括部には、ひとつ年下で「ハチロク」の開発にこだわる主任の今井孝範がいて、ハチロクの後期モデルの開発に没頭していた。エンジニアはだれでも「自分はこれをやり遂げた」と誇れるものが欲しいのだ。今井の場合はハチロクとその後期モデルであり、当時の甲斐にとってはヴィッツの限定車を最後まで仕上げることだったのだろう。

ちなみに、今井は大阪大学工学部産業機械工学科卒で、甲斐は東京大学工学部から大学院に進み、産業機械工学科の修士課程を修了していたから、トヨタの入社年次でいえば今井の方が先輩である。同世代の二人はいずれもF1が大好きで、大学時代は今井が自動車部に、甲斐はモーター同好会にそれぞれ属し、車の深みにはまった。

今井が入社以来、旧ハチロク（AE86）しか買ったことがないというマニアであることは以前にも記したが、甲斐が同好会の先輩から買った最初の車も旧ハチロクだった。その車が二人のレーサーへの憧憬を、スポーツカー作りという現実の仕事へと導いていった。

今井はサービス部から転じたシャシー設計部で、甲斐と顔を合わせる。凄い奴だ、と今井は思った。甲斐はドイツ語も英語もできる。社内の若手公募で書類審査と面接試験を潜り抜け、F1プロジェクトの要員にも選ばれた。そして二〇〇二年からトヨタが参戦したF1レースチームの一員に加わり、ドイツのケルンに派遣されて、足回りの設計を経験していた。

ところが、仲間を嫉妬させるほどの能力を備えながら、甲斐の社内評価はそれほど高いものではなかった。同期のなかには課長級の主幹に出世した者もいるのに、甲斐は係長級の主任なのである。多田は不思議に思っていた。

甲斐は頑固で、尊敬できない相手には、上司や先輩であっても正論をつらぬいて引かないのだ。生硬で忖度《そんたく》しないのである。そのうえ個人の能力は高いので仕事をひとりでこなす。「チームで仕事をするのが苦手な男」という評価もあった。

しかし会社、つまり上司の評価ほどあてにならないものはない。それに本質的なエンジニアとしての能力を否定する声はどこにもないのだ。だから多田は、彼がＢＭＷプロジェクトチームに加わるのをじっと待っていた。もっとも、彼以外にドイツ語が操れる駐在適任者が見つからなかったという事情もあっただろう。


甲斐たちのＶｉｔｚ ＧＲＭＮはその年の七月、限定生産につながった。甲斐自身はもうＢＭＷにかかわることはないものと思っていた。ところが、翌年一月の出勤初日に限定車開発を指示したグループマネージャーから呼ばれて、こう告げられる。

「お前は今日からＢＭＷのプロジェクトを担当しろ」

今度は甲斐がびっくりした。

――復活のチャンスをもらえるのか。

気負い立つものを甲斐は感じた。多田のところに行くと多忙な彼は不在で、代貸《だいがし》格の主幹・野田利明が言った。

「ＢＭＷの連中と話をしてきてくれないか」

「何を話せばいいんですか」

野田はハチロクの後期モデルを手掛けながら、ＢＭＷプロジェクトチームを手伝っていた。野田は「とにかくドイツへ行ってこい。行けばわかる」と繰り返すばかりであった。わかったのは、ＢＭＷプロジェクトが大きな壁にぶつかっていること、そして、自分はその文化と言葉の壁を破るためにドイツへ送り込まれるということだった。

多田がＢＭＷプロジェクトを指示されてから一年八ヵ月が過ぎていた。後で知ったことだが、多田は役員から「どうなっとんのだ」と言われていた。

「全然進んでないじゃないか。いい加減にちゃんと成果を出せ」

甲斐はすぐにひとりでミュンヘンに出張し、七月には後藤らとともにドイツに赴任した。四十歳になり、名古屋に一戸建てを作り、次女も誕生していた。トヨタには、家を建てると異動になる、というジンクスがあり、（俺はそれにはまった）と彼は思った。

駐在員の総勢は、課長にあたる主幹が三人、甲斐は下っ端の主任である。だが、多田は一番若い甲斐をミュンヘンオフィス所長に据えた。

「あいつで大丈夫か。面倒な交渉ができるのか」と社内で驚きの声が上がる。だが、多田は頭を下げつつ受け流した。組織を支える技術者に成長して欲しかったのである。それで、多田は甲斐にこんな話をした。

「いいか、自分に染みついた仕事の流儀なんてものは、会社が違うと全く受け入れてもらえないぞ。『これは自分が正しい』とか、『こう決まっているんだ』という考え方を、他社との協業の場合はしてはいけない。相手に『間違っている』なんて言ってはだめだ。共同開発は富士重工とでも大変だったんだ。ましてこれからはドイツ企業を相手にするんだ。相手のことを思いやらないと、プロジェクトは最後まで行きつかないぞ。Zの仕事は、とことん折り合うところを見つけることだ」

そして、たとえ話もした。

技術者にはいろんなタイプがある。ひとつは、説明や命令に苦労しても何とか仕事を割り振る人間、もうひとつのタイプはコミュニケーションが苦手だったり、面倒だったりして、自分で全部仕事を引き受けてしまおうとする人間だ。

「後者は他人の仕事まで自分でこなそうとするから、夜遅くまで延々と仕事をする。でも、どんなに仕事ができたって人の二、三倍だろう。それに対して、たくさんの仲間に事情を打ち明けてやる気を出させ、仕事を割り振ると、その何十倍も仕事がはかどるぞ」

多田は当初、甲斐たちのために、トヨタ・ミュンヘン・オフィスという会社を作ろうとした。だが、カネと時間がかかるうえ、一、二年でそのプロジェクトは挫折するに違いないと思われていた。結局、表向きはケルンにあるTMG（TOYOTA Motorsport GmbH）の分室という形を取ることになり、BMW本社から徒歩十分のビルの一角に駐在事務所を設けて、打ち合わせを始めた。

五年半に及ぶ、甲斐の駐在生活の始まりだった。彼はこう思っていた。

――BMWとのコミュニケーション自体がぐちゃぐちゃじゃないか。トヨタがNOと言ってるのに、ドイツ人にYESだと受け取られていることもある。多田さんが言ったようにそこをとことん整理して、信頼関係を築くことから始めよう。

　ＢＭＷ技術者の本音は、ドイツ語で雑談をしているときに露わになることが多かった。英語で進行する会議を中断した休憩時や夜にビールを飲みに行ったときに、しばしばそれは飛び出した。疑問と解決は現場に在るのだ。だから、多田や野田は甲斐たちに裁量を与え、後から「何でそんな決断をしたんだ」と言うことはなかった。多田はこうも言った。

「何でもかんでも社内に聞こうとするな。聞いたら『だめだ』と言われるのがわかってるだろう」

二　ぬかるみは続く

　甲斐がミュンヘンオフィス所長として赴任して五ヵ月後、風向きが変わった。ＢＭＷの担当役員がトヨタとの共同開発に積極的な技術者に交代し、本格的なスポーツカーを作ることを確認したのだった。

　多田の定年まで残り二年半を切り、二〇一四年も暮れようとしていた。ＢＭＷの技術者も、新型スポーツカーは誕生させたいが一社では採算が取れない、という事情を抱えていたのである。

新たな担当役員は、クラウス・フレーリッヒという。多田より三つ年下で、名門のアーヘン工科大学を卒業してBMWに入社した生え抜きのエンジン開発技術者だった。それまでBMWの小型・中型モデルシリーズ責任者だったが、研究開発担当取締役・上級副社長として登場してきた。

前任のヘルベルト・ディースは、フォルクスワーゲンに引き抜かれ、CEOに就く。ディースは、BMWとトヨタの共同開発について、ビジネスとして先が見えるようにしないとお互い大変なことになる、と冷静だった。

一方、実力主義の中でもまれたフレーリッヒは精力にあふれ、プロジェクトを積極的に牽引し始める。BMW本社で大きな彼の姿を見て、多田は、やるもんだな、とびっくりした。彼はエレベーターがなかなか来ないのを見て取ると、「さあ、階段で行こう」と言い出し、駆け下りたり、二、三段飛びに上がったりした。

トヨタでは会社の階段で転んだり、踏み外して怪我をする社員が結構出るので、階段の事故をなくせとか、手すりをもって歩けとか、やり過ぎを通り越して滑稽なくらいに厳しいのだが、この開発担当役員はせっかちで、たらたら登ってるんじゃねえ、とばかりにトントンと行ってしまう。

まわりは「いやいや、いつものことだから」と言った。「クレイジーだ」と語る社員もいた。これは彼の勢いを評価する誉め言葉である。

トヨタの幹部はフレーリッヒがこの先どう出てくるのか、興味津々の様子だった。彼がトヨタ本社に挨拶に来るというので、豊田章男から多田のもとにメールが届いた。

〈フレーリッヒさんはどういう人だ〉

〈なんか変人らしいんですけど〉

〈えー、そうか〉

そんなやり取りだった。

ハチロクを開発する際、最終のデザイン審査で多田は、スポーツカーが好きな章男とデザインの可否を直接やり取りした。そのときに章男から、「これからは毎月、俺に報告してくれ」と告げられたという。しばらくの間、多田はフェイスブックなどで社長に連絡したり、社長室に出向いたりしたが、やがて章男は「俺も忙しいんだ」と言うようになった。

トヨタは巨大なピラミッド構造で成っているが、そのころまでは社長と気軽にやり取りができたのである。

フレーリッヒの登場に、多田や甲斐はほっとした。

両社の提携や経営問題は多田の裁量の外にあるが、車を作ることとさえ最終決断できれば、それから先は彼に権限がある。開発のぬかるみはまだまだ続くのだが、実際の車作りはチーフエンジニアに任されているのだ。

もともと、トヨタとBMWがスポーツカーの共同開発など四つのテーマで覚書を交わした時点で、新型スポーツカーは二社で企画、デザインし、その生産はBMW側が担当することになっていた。シャシーなどのプラットフォーム、つまり土台部分はBMWが作ることも織り込み済みだった。

問題はその大枠のなかで、どんな「大日程《だいにってい》」——これもトヨタ語で、組織全体を動かす大まかな日程を指す——で、どんなタイプの車を作り上げ、何万台を発売するか、ということである。

BMW側の希望は二人乗りFRのオープンカーの制作だった。FR車はスポーツカーの代名詞だし、オープンカーでヨーロッパの夏やアメリカの西海岸を走ると実に心地よい。一方の多田は固定式のルーフ(屋根)を備えたFRのクーペを作ろうとしていた。

そして、富士重工業と組んだハチロクの共同開発とは全く違って、上のボディの形は両社で別々に作り、二〇一九年からトヨタは五年間に十万台のクーペを、BMWは「Z4」のブランドでより高価で売れるオープンカーを二十万台、それぞれ売り出すことにした。

スポーツカーの分野で「巨人」と呼ばれるポルシェも、ケイマンとボクスターという二種類の車で同様な制作手法を取っていた。エンジンやシャシーは同じでも、ケイマンはクーペボディで、ボクスターはオープンカーにして販売している。ちなみに多田がオープンカーを選ばなかったのは、日本の気候ではなかなか売れないからである。

彼が目指すのは五代目スープラだった。周囲は、師匠だった都築功が開発した四代目「80スープラ」のような四人乗りの車だろう、と思っていたのだが、多田は「二人乗りの純粋なスポーツカーを作りたい」と言い出し、営業担当の幹部らとぶつかった。彼らは、

「歴代のスープラは四人か五人乗りだったじゃないか。二人乗りにすると、購買層は根っからのスポーツカーファンにかぎられるから売れないぞ。リア席（後部座席）がなければ、親や子供はどこに座ればいいんだ」

と言うのである。

「これだと家族の猛反対にあって販売台数が減るのは間違いない。それを示すデータもある。リア席があるかないかで売れ行きは天と地ほども変わるんだ」

という意見もあった。それに、ハチロクが完成した後、お披露目イベントなどでスピーチすると、多田は必ずといっていいほどファンからこんな質問を受けていた。

「僕もハチロクのようなスポーツカーが欲しいんですが、妻や親が反対するので困っています。何と言って妻たちを説得すればいいですか」。相談とも愚痴ともつかぬ声だった。家族の壁は高いのである。

だが、多田はそんなファンのために、ハチロクは狭くてもリア席を設け、四人乗りに設計して送り出したではないか、と思っていた。しかも、実際にそのリア席に人を乗せることはほと

んどない。ということは、それだけ余分な空間が生まれているのだ。

普通の車であれば、室内を広く取ったり、荷物をたくさん積んだりすることが大事だが、これはハチロクよりもさらに走りを優先したスポーツカーなのである。そのためには限界まで小さく、一グラムでも軽くしたいのだ。

それに、エンジニア人生の最後にファンもポルシェも驚くような車を作りたかった。自分が作りたい車のためにずっと我慢してきた、という思いがある。

一方で、チーフエンジニアはカネとの闘いを宿命づけられている。どうやってカネを浮かせたらいいのか、多田は何度も夢でうなされてきた。ところが、採算性と利潤追求ばかりに囚われると大事なものを見失う。スープラの開発でもそうだった。

部品を共通で使えば使うほどコストは安くつく。ハチロクを開発する際にも、協業相手の富士重工業と話し合い、兄弟車ＢＲＺと共通部品を可能なかぎり使うようにした。今回の共同開発でも共通部品を多く使うのは当然だろう、と多田は思っていた。その前提でＢＭＷと協議を始めると、フレーリッヒの部下は多田の目を見ながら言い放った。

「何を言ってるんだ。そんなことでお前の作りたい車ができるのか？」

「えっ」と多田は声を漏らした。

「すごくお金がかかるところは共通のものにするさ。でも車の個性に関わるようなところは自分たちが欲しいものにした方がいいじゃないか。そのうえで共通にできてコストダウンにつながればそれに越したことはないけれど、初めから共通化ありきみたいな開発ではだめだろう。考える順番が違うんじゃないか」

多田は頭から水をぶっかけられたような気になった。唯一無二のもの、自分たちだけの独創的なものを作ろうとしてきたはずなのに、カネの計算に追われ、いつの間にか初心を忘れかけていた。それを異国で指摘されて恥ずかしい気持ちになった。

そんなこともあったから、スープラの定員問題は後に引けなかった。多田は富士重工で使った言い訳をトヨタの営業相手に使うことにした。「BMWが2シーターにこだわっていて、それでないと協力できないと言っているんですよ」。協業相手の弁を盾に、時間稼ぎをしながら開発を進める一手だ。そして、後戻りできなくした。

その裏で、彼はトヨタのデザイナーにこっそり告げていた。

「この車は2シーターだが、本当はひとり乗りを作るつもりで内装もデザインしてくれ。計器類もなにもかも運転席に寄せて、助手席はオマケでついているという感じでいいからね」

こんなことをしていたからだろう、後に営業側から手痛いしっぺ返しを受ける。

次はスープラのエンジンである。多田たちは独自にエンジン開発を検討した。ハチロク開発時に、「富士重工に任せずにトヨタで全部作ればよかったではないか」という声もあり、エンジン部門とともに独自に設計を試みたのだった。だが、問題になったのはエンジン工場で、六気筒を再び作るというならば、エンジン工場をまるごと作らなければならず、車の販売は「大日程」より二年も遅れてしまうことがわかった。その結論の前に、彼はやっぱりBMWの直列六気筒エンジンを採用することにした。

もめたのは、ホイールベース（前輪軸と後輪間の距離）の長さをどうするか、ということだった。簡単に言えば、前のタイヤから後ろのタイヤまでの長さをいくらにするか、ということである。その長さが短ければ短いほど車はキュッと曲がる。小回りが利く。

多田たちは日本のくねくねした山の中でもビュンビュン走れるようなスポーツカーを目指していた。対するBMWの技術者は、アウトバーンを時速二百五十キロでも安定して走れるような車を作りたい。そうなると、ホイールベースを長くとる方が直進性がよい。既存の車をスポーツカー風に仕立てるのとは違って、車体から自由に作るプロジェクトなのだが、目指す方向が正反対なのである。

多田が意識するポルシェはホイールベースが短くて、車の幅が広いことで知られていたが、論争の末に、そのポルシェより短いホイールベースにすることで決着した。だから、スープラは二〇一六年発売の718ケイマン（同じ二人乗り）と比較すると、ホイールベースや全長が五ミリ短く設計されている。

専門的に記すと、車の旋回性能はホイールベースとタイヤ左右のトレッド幅の割合で決まるが、スープラはその比率がハチロクやポルシェはもちろん、量産スポーツカーのなかで最も短い。これが「世界一でありたい」という技術者のこだわりなのである。多田は「スープラはゆったりと走りながら、レーシングカートのようにキレキレで曲がる」と自慢した。

そんなさなかに、ドイツの甲斐を仰天させる連絡が本社から来た。

「スープラの企画台数は三万台に減らしたい」

とトヨタの営業部門が言い出したのである。当初の計画では、五年間にスープラを毎年二万台ずつ、計十万台を作って売るはずだったのだ。

——下手すると、プロジェクトそのものがひっくり返る。

甲斐はそう思った。多田も「三分の一以下とはあんまりだ」と営業と掛け合ったが、「二人乗りで六、七百万円もするクーペなど売れない」と言う。「これが四人乗りなら数万台は上乗せできるけどねえ」と言う幹部もいた。営業は販売目標を低く設定する傾向にある。目標より売れれば自分たちの手柄にもなるが、もうひとつ、多田が二人乗りをつらぬき通したこともたたっている。

すぐに営業側の意向を告げると、ＢＭＷの技術者たちは「三万台？」と目を丸くした。

「三十万台の間違いじゃないのか」

「いや……」

彼らは、トヨタが十万台の企画台数を二、三十万台に引き上げてくるのを期待していたのだろう。トヨタはＢＭＷの何倍もの販売店を世界中に抱えていた。

三万台が冗談ではないとわかったとたん、

「バカにしているのか。それでは採算がまったく合わない」

と怒り出した。多田は唇をかみしめ、甲斐は、この事態を乗り越えられなければ、プロジェクトはここで終わる、と思った。

単身赴任だった甲斐はそのころ、名古屋から家族を迎え入れていた。二〇一五年五月に、妻が九歳と二歳の子供を連れてミュンヘンに移住してきたのだった。妻はそれまで名古屋市の椙《すぎ》山《やま》女学園大学人間関係学部で心理学の准教授を務めていた。そのまま勤めれば教授の椅子に座ることもできただろう。だが、ドイツではそのキャリアを生かすことができない。子供の教育という問題もあった。悩んだ末に、彼女は自分の職を捨て、家族でドイツに暮らす決心をした。時折、「あなたのためにここに来た」と彼女は漏らした。

――それなのに、プロジェクトが中止になって、俺たちはもう日本に帰れということになったら、家族にどうやって説明しようか。嫁さんに打ち首にされるな。

甲斐は家族と会社とＢＭＷの板ばさみにあって、もがきにもがいた。多田が何とかしてくれと訴え、ＢＭＷから積み増しの強い要求があり、最後は車の値段を少し高くして、企画台数を六万台から七万台の間にすることで、何とか折り合った。

企画台数をめぐる交渉の一方で、多田はトヨタで技監を務め、伝説のように語られる人物に会いに出かけていた。彼は「トヨタ生産方式の伝道師」と呼ばれていた。多田はＢＭＷのフレーリッヒらと新たな交渉を控えていた。そのとき、この「伝道師」が切札となるはずだった。

三　伝道師、ドイツに行く

林南八《なんぱち》は、トヨタ自動車で技術職の最高位である「技監」に、取締役をはさんで二度、通算十一年間も就いた特異な技術者である。

入社時はエンジン設計を希望していたのだが、工場の機械部技術員室に投げ込まれ、無駄を徹底的に排除するトヨタ生産方式を深め、広めることに会社人生を費やした。

七十歳を超えて、二〇一四年四月から顧問に退いている。中部インダストリアル・エンジニアリング協会会長の肩書も持っていた。だが、生産調査部が入る本社三号館に依然として執務室を与えられ、その日は初対面の多田を招き入れていた。

「いまは暇にしているんだが、気が向いたらここに来てんだよ」

のんびりとした調子である。多田は緊張し神妙な面持ちで部屋に入った。下手なことを言うと、ぼろくそに言われる、と思っていたのだ。ところが、林はいきなり真っ黒のサングラスをかけておどけてみせた。これは少し後のことだが、多田に講演で行ったロシアの話をして聞かせ、

「ロシアマフィアの大物にひどく気に入られてね、お前にピストルをやると言われたんだ」などと突拍子もないことも言った。話題を次々に繰り出し、座談に引き込む名手である。多田は拍子抜けしたが、炯炯《けいけい》とした眼光に、油断してはいかん、と思っていた。

林は旧日本軍大本営参謀の三男で、剣道三段、古武道五段、若いころは居合を学んでいた。小柄だが、黒澤明監督の『七人の侍』で寡黙な剣豪を演じた俳優・宮口精二に似た面構えで、課長時代には入社二年目の豊田章男を一喝したこともある。社内では「トヨタ生産方式の伝道師」として知らぬ者のない存在だった。

「ところで、相談ってなんだい」

そんな林の誘いに乗って、多田はＢＭＷとの共同プロジェクトが抱える最大の懸案について、恐る恐る話し始めた。

これは多田の性《さが》のようなものだが、ひどく困ったことがあると、だれもが敬遠する人物の懐に自分から飛び込んだり、これしかないというタイミングで相手から呼びつけられたりするのである。

それは、会長となった内山田竹志のところであったり、「エンジンの親分」と呼ばれた専務・小吹信三の部屋だったりした。

小吹は突然、多田を呼びつけ、ハチロクにトヨタの虎の子の技術であるＤ－４Ｓエンジンを搭載することを許した。その専務も関連会社のアイシン精機に去っている。親分肌の林は不思議と小吹のことを思い出させた。

多田の打ち明け話は次のような趣旨である。

「いまBMWとスープラを共同開発しているのですが、スポーツカーということもあって、採算を取るのは極めて難しいように思えます。二〇一二年に富士重工と開発したハチロクは何とかプラスにもっていきましたが、あれはトヨタが富士重工の大株主でもあったからです。これに対して、同じ共同開発でもスープラの場合は、車体を請け負うBMWが驚くほど高い代金を要求してきても、こちらには原価がわからないのでコスト低減を求めるわけにもいかず、そのまま受け入れるしかないのです」

「こんがらがった話だな」

と林はつぶやいた。

以前にも触れたが、BMWとのプロジェクトは、スープラと兄弟車のZ4のシャシーなどのプラットフォーム、つまり土台部分はBMW側が制作し、上のボディは両社で別々に設計したうえで作り上げることになっている。問題はトヨタの判断が及ばない、その車体部分の納入価格だ。

ハチロクの共同開発では、トヨタが企画し、富士重工が土台からエンジン、ボディまで作った。これには大株主のトヨタが富士重工を救済するという意味合いも含まれていたから、多田たちはその納入原価や利益率をつかんでいた。

「それがわかったうえで、『このぐらいのマージンでいいよ』とお互いの採算が取れるように歩み寄っていた」

と関係者は言う。ところが、ＢＭＷ相手ではそうはいかない。彼らが企業秘密である車体部分の原価を開示するわけがない。協業の中にも冷徹なビジネスが存在するのである。

両社はスポーツカーの協業に加え、二〇一三年一月、燃料電池車（ＦＣＶ）の共同開発でも合意し、トヨタは発電装置など燃料電池車の基幹部品の技術を供与していた。関係者によると、その際、ＢＭＷ側はトヨタに数百億円とも噂される多額の対価を払っており、それとスープラの開発は直接関係はないものの、トヨタ側は技術者のみならず、中枢の経営企画の幹部たちまで「普通に考えれば、ＢＭＷはかなりのマージンを乗せてスープラの車両代金を求めてくるだろう。技術供与の対価分を取り返そうという意識が働いても不思議はない」と考えていたという。

だが、そうなっても、トヨタには反論のしようがない。

――何か打つ手がないものか。

取っ掛かりのようなものを探していたとき、多田はスープラやＺ４の生産を両社で一緒にやってはどうか、と思いついた。

ＢＭＷは米国サウスカロライナ州のスパータンバーグという町に拠点工場を構えており、その横の土地も空いていた。そこに工場を新規建設するか、あるいは既存の施設を利用するかして、トヨタ生産方式のノウハウを投入すればＢＭＷ側の生産コストは低減できるし、車体の原価もおのずと明らかになるのではないか……。

ハチロクのときにも、生産を請け負った富士重工は約百億円を投じて群馬製作所本工場の軽乗用車のラインを作り直し、ハチロクとその兄弟車であるＢＲＺを生産している。

その生産準備にあたって、富士重工は工場の製造部社員ら数十人をトヨタの工場に出向かせ、十ヵ月以上もトヨタ生産方式のノウハウを学ばせた。そのとき、富士重工は同じ生産ラインでインプレッサという乗用車を作り、ＢＲＺとインプレッサのどちらが売れても対応できるように工夫した。これが、需要に応じて集中生産する車種を変えていく、富士重工の「ブリッジ生産」システムにつながっている。

余談だが、車の生産工場と言えば、素人は専用ラインを思い浮かべる。専用ラインは効率がいいものの、車が売れなくなれば稼働率も極端に落ちてしまう。だが、複数の車種を生産できるようにしておくことで、ラインの稼働率を一定水準以上に保つことも可能だ。要するに、工場の建設は工夫次第で次の生産や活用につながる、ということだ。

多田は工場の建設を思いつくと同時に、それなら林に相談するしかない、と考えた。

林は、トヨタ生産方式の生みの親である元副社長・大野耐一やその右腕だった元主査・鈴村喜久男から直接指導を受けた最後の世代である。彼らから、

「たわけ！」

という罵声を浴びてしごかれ、たたき上げられていたから、含蓄に富む話をする。

林は「怖い上司になりなさい」と言っていた。上司は物わかりがよすぎて簡単に納得するようではいけない。あの人に適当な報告をすれば、後できっと確認に来る――そんな風圧のようなものを備えることが大事だ、というのである。

彼の「少数精鋭論」も有名だった。「少数精鋭というのは、精鋭を少数集めることではなく、少数だから精鋭になっていく」というのだ。

そんな林の逸話を聞こうと、新聞、雑誌の取材や講演の依頼がひっきりなしで、日経新聞は、『仕事人秘録』という連載で、林の一代記「改善魂やまず」を二十四回も続けた。

そのうえ、林は若いころから米ゼネラルモーターズとの合弁会社に指導に行ったり、毎月、米国のトヨタ工場に出張してトヨタ生産方式を伝授したり、車以外のメーカーからも請われて指導に歩いたりして、世界的に名が通っていた。

たとえ、大野や林の名前を知らない若い世代や海外のメーカーでも、トヨタ生産方式には興味を抱くことを、多田は知っていた。ＢＭＷでもその話になると興味津々だったのである。

ミュンヘンの本社を訪れると、「トヨタはどうやって安く部品を買っているのか」と聞かれたり、「トヨタ流のうまい工場の作り方を学びたい」と尋ねられたり、「トヨタ生産方式のノウハウを教えろ」と求められたりした。ＢＭＷの技術者たちは車、中でもスポーツカーを作るノウハウは俺たちが圧倒的に進んでいる、と信じているのだが、壊れない車を安く作る点については、トヨタをリスペクトしているのだという。

だから多田は、生産技術の神様と敬愛される林なら、採算問題を打開する切り札になるかもしれないと思った。それで林の部屋のドアを叩いたというわけだ。

「面白い話だ。困っているんだな」

多田の話を聞いていた林は、身を乗り出していた。共同で工場を作ってはどうか、という話は役員を回って力説していたのだが、「ＢＭＷ相手ではな」とみんな尻込みしていた。だが、多田が、

「とりあえず、一緒にＢＭＷ本社に行っていただけませんか」

と言うと、林は「一肌脱ごうか」とあっさり応えた。老境の林にすがりつこうとする多田の心情に気持ちを鼓舞されたのだろうか。

「俺はもう暇だし、興味があるからやってやるよ」

その林が、多田や甲斐たちとともにミュンヘンを訪れたのは二〇一四年十月六日のことである。ＢＭＷ本社から南に約百三十キロのところにあるレーゲンスブルク工場に現れると、工場中から技術者が大挙して集まり、大歓迎を受けた。多田はびっくりした。

――トヨタ生産方式ってすごいんだな。俺たちがドイツに初めて来たころは冷たい扱いだったのに、ブランドバリューが違う。

林は工場をくまなく視察し、こう指摘した。

「物流エリアは、異常があったときの〝視《み》える化〟が不足しています。BMWではSAPシステム（生産管理などの統合管理システム）で一元管理しているが、この現場にいまあるカンバンや信号、サインボードでは異常が視えない。それに部品の在庫が多すぎる。不必要に多くの部品が仕掛かり（未完成の状態）で置かれている。必要な個数を必要なタイミングで供給することを基本にしなければなりません。また、部品を工場に受け入れてからライン側に届くまで何回中継されているか、そこが十分に管理されていない。極力、中継回数を減らすのが基本です」

さらに、ボディの組みつけ作業の工程を見て、

「各工程のバッファ（緩衝用余剰部品）が多すぎます。このためライン長が伸び、小さな異常が見過ごされやすい。つまり、カイゼンが進まない」

などと話し、改善の余地があると告げた。さらに米国の工場予定地に三度足を運び、どんな工場を作ればよいかを助言した。そのころにはBMWでも神様のように扱われている。

——もう一歩だ。

多田はそう信じて、その日の役員会に説明者として出席していた。技術系副社長が仕切る大事な場だった。これでトヨタとBMWが共同で工場を作る目途が立つ、と多田たちは思っていた。ところが、会議は思わぬ方向に動いた。

幹部が「工場建設はちょっと時期尚早ではないか」と言い出したのである。多田は（何をいまさら）とあっけにとられた。

すると、別の役員も「何かあったら大変だ。なるべくリスケできる（計画を組みなおせる）ようなプロジェクトにした方がいいから、ここはＢＭＷにお願いした方がいい」と同調し、「このスポーツカープロジェクトが終わったら、工場はどうするんだ」と発言した。

その結果、「いずれにせよ、もう少し考えてみるべきだ」という声が大勢を占めた。

役員会の末席にいた林は顔を朱に染めて、

「何を言ってるんだ。工場を作るしかないだろう。はっきりせんかい」

と怒った。だが、結論は持ち越しとなってしまった。表向きは工場建設を断念したわけでもなく、前に進めるでもない。形の上では先送りだが、そうしたあいまいな結論の行方は知れていた。

ひっくり返った、と多田は思った。林は憮然《ぶぜん》として立ち上がり、それっきり、工場建設を審議する場は設けられなかった。

ＢＭＷ側もトヨタ側の情勢を見て取ったのか、その後、オーストリアの完成車受託メーカーに生産を委ねてしまった。そのメーカーから安く生産を請け負うとオファーがあったらしい。彼らもその方がリスクもないと判断したのだろう、と多田たちは考えた。

トヨタとしては、「ＢＭＷ以外のパートナーに対して、トヨタ生産方式のノウハウ投入はしない」と決めていた。ＢＭＷでの工場生産は実現しなかったのだから、スープラプロジェクトに、「伝道師」が登場する場面はもうなかった。そして、スープラの車体価格も多田たちが心配していた通りになる。

――ＢＭＷの工場にノウハウが伝承されていればどうなったのだろう。

多田は時々、痛みとともに、そう思い返すことがある。

第十一章 会社のために働くな

一　最後のバリバリ車

ＢＭＷ研究開発センターは、ミュンヘンの本社から北東約三キロの地に、東京ドーム十個分の敷地を抱える欧州最大規模の研究開発拠点である。ドイツ語で研究開発センターの頭文字を取り、「ＦＩＺ《フィッツ》」の愛称で呼ばれていた。

二〇一四年十二月、そのＦＩＺから赤い試作車が引き出され、トラックで郊外のアシュハイムテストコースに運ばれた。車はＢＭＷの試作部門が、２ドアクーペＭ２３５ｉのボディを切ったり貼ったりして作り上げたものだった。前後を切り詰め、車高を極端に低くしてあった。クーラーを外し、窓ガラスの代わりにアクリル板をはめ込んでいるのは軽量化のためである。

その車のそばに立つ多田哲哉と甲斐将行は、興奮のせいで頰を赤く染めていた。ＢＭＷ技術者が「フルランナー」と呼ぶスープラの先行試作車が出来上がったのだった。

多田が会長の内山田竹志から特命を帯びてから二年半が過ぎている。生産台数や工場建設問題を抱え、プロジェクト自体が挫折する可能性を秘めた不安な時期だったが、かまびすしい議論の一方で車の土台だけは着実に作られていた。

多田はヘルメットもかぶらずに車に乗り込んだ。トヨタの内規では、試作車に乗る際にはヘルメットを着用することになっているのだが、ＢＭＷはそうではない。ここは自己責任の国なのである。郷に入っては郷に従えという言葉もあるし、多田は企画した三〇〇〇cc直列六気筒のエンジンを一刻も早く吹かしてみたかった。

テストコースを回り、公道へ出、さらにアクセルを踏み込んでアウトバーンをロケットのように疾走した。そのＦＲ車は時速二百キロを軽々と超え、二百五十キロに達すると全身からアドレナリンが噴き出した。Ｍ２３５ｉの〝皮〟をかぶった試作一号車だから粗削りだが、多田は車の猛烈なポテンシャルを感じ、「おお」と快哉を叫んだ。

——大変な車が生まれようとしている。

と思った。高速をゆったりと走る一方で、ホイールベースが短く、切れのいい車を多田は作ろうとしている。トヨタ本社からは、「そんな短い車では超高速で運転したときに安定性を欠くのではないか」という声が上がり、その意見を抑えるために、ＢＭＷ側を説得してあえてフルランナーを作らせていた。

ＢＭＷの技術者はシミュレーションを活用した車作りに自信を持っていたうえ、直進性を電子制御で飛躍的に向上させる新技術を投入しようとしている。それで彼らは、「先行試作車など作らなくても、机上の計算上、君が企画したような車に絶対になる」と主張していたのだった。

スポーツカーのお手本と言われる車に、ポルシェ911があり、今回はポルシェケイマンを強く意識してスポーツカーを開発している。このフルランナーを磨けば、911やケイマンの領域に届く、と思った。

その日から改良が続いた。トヨタのチームはBMWと分かれ、独自のデザインとチューニングに没頭した。そのためのチームもトヨタから現地に常駐している。

だが、極秘のはずの車はすぐに業界に知れ渡った。テストコースのまわりに張り込んでいたプロカメラマンたちに撮影されてしまったからだ。〈謎のBMW 2シリーズ試作車をスパイショット〉と題する写真が、二〇一四年十二月十五日、十六日とネットにさらされている。十六日の記事では、〈これはBMWが現在トヨタと共同で開発している車かもしれない〉と暴露されてしまった。

日本と違って、ドイツでは主に公道で試走するからスパイショットを防げないのだ。外観はおろか、高速の試作車に接近して内装まで撮ろうとするカメラマンもいて、激しいカーチェイスや激突寸前のトラブルも起きていた。

約半年後、黒く塗装されたフルランナーは空輸され、東富士にあるトヨタのテストコースに運ばれた。プロジェクトを指揮した内山田や豊田章男らが次々と試乗した。

彼らも興奮していたように見えた。内山田はスピードを出し過ぎて外に膨らみ、多田たちが「あっ」と驚きの声を立てると、コースぎりぎりに立つパイロンをわずかにこすった。喜んでくれている、と多田は思った。一方、試走した章男も「すごくいい。楽しいね」と言った。

翌二〇一六年二月には、トヨタ社内のデザイン審査とプロジェクトの可否を最終判断する商品化決定会議が待っている。（この車ならいけそうだ）と甲斐も期待を膨らませていた。

ところが、約半年後、甲斐は本社の人事情報を聞いて、怒りとも不安ともつかないようなものが胸の中に動くのを感じた。七年間、多田の補佐役を務めた野田が子会社に出向するというのである。彼は主幹から主査に昇格していた。

その子会社のトップに就いたトヨタ出身者から野田は強く請われていた。野田を役員に昇格させることを含んだ人事——という噂だった。発令は二〇一六年一月一日付というから、商品化決定会議という節目に野田がいないことになる。

——なんで、こんな大事な時期に、あの人をよそに出してしまうんだ！

野田は甲斐よりも十一歳年上で、五十三歳を超えていた。いつかはチームから送り出す時期が来ただろうが、それはいまなのだろうか。野田さんもなんで出向を受けてしまったのだろう……。

そのときに、先輩の温顔がひっそりとそばにあったことや、その我慢強い男を自分がいかに頼りにしていたかをはっきりと感じ取った。困ったことがあると、

「野田さん、どう思います？」

といつもミュンヘンから本社に電話を入れていた。軽いノリだった。

ミュンヘンと日本は時差が八時間あって、午前九時に甲斐が駐在オフィスで仕事を始めるころには、トヨタ本社の時計はもう午後五時を報じている。だから、本社の関係者に相談したいときには、甲斐は出勤するとすぐに電話を入れるのだが、遅くまで仕事をする野田はたいてい捉まえられるのだった。

まずは野田に聞く。そのうえで担当者に電話かメール、時にはオンラインで尋ねていた。それはスープラの信号視認性のことだったり、乗降性だったり、トランクの容量やトランクの蓋を開け切ったときの高さだったり、ＢＭＷの設計基準とトヨタスタンダード（ＴＳ）が異なることから生じる重要事項が多かった。

信号視認性とは運転席に座って停車したときに信号がどれだけ見えるか、ということだ。トランクは大きく開く方が便利なのだが、背の低い人でも届く高さでなければならない。トヨタではそんな機能性を何よりも大事にした。担当者に直接聞くと、「そんな設計じゃＮＧだね。ＴＳに合致するようにＢＭＷとも相談してくれ」と言われるに決まっているから、とりあえず野田に伺いを立てるのだ。

すると、野田は、ハチロク開発時に犯した失敗を挙げて、同じような過ちはするなよとか、あそこにはちゃんと話を通しておいた方がいい、と一々諭すように助言をするのだった。少しきつめに言うときにも、「ちゃんと考えたか」と告げて、「しっかり考えないとだめだよ」と締めくくるのである。

上司というよりは、学校の先生だった。自分はあんな風に生きられるか、と甲斐は自問することがあった。そしてこう思った。

——あの人がいなかったら、ハチロクだってスープラだってぽしゃってたかもしれないな。でも俺はあんなに我慢はできない。それで損ばかりして……。

その人がいなくなった。もう相談したくても電話する相手がいない。多田は忙しいうえに甲斐にはハードルが高い。だから自分で考えられるだけ考えて、その範囲内で結論を出すしかなくなった。多田はそうならざるを得ないことがわかっていたようで、野田の異動についてチームの面々にこんな話をした。

「野田君は俺たちを裏切ったんじゃないんだ。先方から『どうしても来てくれ』と求められていて、俺が送り出した。彼がいなくても、君たちだったらやれるから、頑張れ。何か困ったことがあったら、俺のところに持ってこい」

その野田も心配だったのだろう。子会社への人事が発令された後もチームの仕事を手伝い、社長臨席の商品化決定会議を乗り切ると、新しい職場に去っていった。

それから数ヵ月後、多田はスポーツカー開発を担当していた役員に呼ばれた。彼自身の処遇のことだった。トヨタでは定年の一年前になると、今後の身の振り方について上司と面談することになっている。

多田は三年ほど前に、技術担当副社長から「ＢＭＷプロジェクトは、たぶん最後までやれない。どこかで若い人にバトンを渡してあげて欲しいんだよ」という趣旨のことを告げられており、定年とともに、いよいよそのときが来た、と思った。

トヨタにも定年延長という道があり、普通なら給料を大幅に削られたうえでチームリーダーから退くことになるはずだった。

——よくわからないような仕事をさせられるなら、会社を辞めて違うことをやってみるか。

多田はそんなことを考えていた。すると、彼を呼んだ役員は思いがけない提案を始めた。

「実はうちに特別な雇用延長の制度があってね。それだと、いまのままの立場、仕事で給料もそんなに変わらない。定年後も最大五年は働ける。そういう雇用で働けるように申請したけど、お前、どうだ」

そして、一年ごとの更新だが、そんな風に社内的な手続きを執ったんだけど、それでいいか、と念を押すように言った。

——ほんとかいな。

多田は心の中で思った。スープラの発売は二〇一九年一月に決まっていた。二年ほど雇用を延長してもらえれば、スープラを完成させられる——。会社もいまになって開発責任者を取り換えるわけにはいかなかったのであろう。しかし、それは技術者として光栄なことであった。

すでにスープラのデザインは役員の頭越しに社長の承認を得ていた。粘土で削り出した実物大のクレイモデルをデザインドームで見せて、「おお、いいじゃないか」と言わせている。それから先の道筋も自分の頭の中で描けていた。

「じゃあわかりました、よろしくお願いします」

そう答えてから、気を入れ直して励まなくてはな、と思った。

二〇一六年の八月にはハチロクをマイナーチェンジし、後期モデルと呼ばれる新型車の発売にこぎつけた。こちらは仲間の佐々木良典たちが実務を担当していた。彼らとともに、評判の高い車を作り上げたと、多田は誇らしかった。

一方のスープラは公道テストと改良が続いている。忙しくてあっという間に日が過ぎ、多田は二〇一七年三月に定年を迎えた。

トヨタでは部長以上が定年を迎えると、事務本館の役員フロアに役員が集まり、定年式が催される。社長がひとりひとりに表彰状を手渡し、長年の労をねぎらうのである。

その式が始まる直前になって、多田は「あっ、しまった」と小さな声を上げた。

「忘れちゃった！」。上着を自宅に置き忘れたのである。その朝、妻の浩美に「ちゃんとスーツで行ってね」と言われていたのだ。彼女は頸椎の手術を受けるために入院中で、病院に入る前に夫のスケジュールに合わせ、これは平常出勤、これは式典用という具合に、一日単位で着替えを揃えていた。

式の当日は、ワイシャツにスーツのズボンをはいたものの、上着は玄関脇にかけたまま出てきてしまった。いつもポロシャツにチノパンツのようなラフな格好なので、上着なしにその日も立ち働いて何の違和感も感じなかったのだ。

いまさら取りに帰ったら式典に間に合わない。見かねた人事部員が首を振りながら自分の上着を脱いで貸してくれた。

多田にとって定年とはそんなものだった。昨日と同じ仕事が続く、チーフエンジニアの日々なのである。もっともそれは痛恨事だったようで、あとで浩美に八つ当たりをした。

「お前がいないからこういうことになるんだ。肝心な時にいないんだ、お前は」

「馬鹿じゃないの」

そう反撃されて、定年の感慨も式の感動もあったものではなかった。

二　スポーツカーは役に立たない

しばらくすると、多田は野田を送り出した子会社に電話を入れた。出向してから一年半以上も野田の様子をうかがっていたのである。だが、野田は畑違いの部署で部長には就いたものの、役員に昇格する様子はなかった。それで「野田君をうちにください」と頼んできた幹部と会ってねじ込んだ。

「話が違うじゃないですか」

「うーん、トップが替わってしまって、色々難しいんです」

その弁解を聞いて、多田は腹が立ってきた。野田を出したのは、その方が陽はあたると判断したからだ。そんな機会があれば上司は応援してやるんだ、という雰囲気が職場にはあった。それなのに約束が違うじゃないか。眉根を寄せて言った。

「じゃあ、野田君をうちに戻してください」

野田は職場からいなくなって、その価値がわかるような技術者だった。

――後釜はすぐに見つかるだろう。

多田はそう思って子会社に送り出したのだが、彼のように我慢強い主査は一年過ぎても見つからなかった。時差のために夕方から夜にかけてミュンヘンオフィスから届く訴えを、野田の代わりに多田が受けることになった。

初めは、何とかなる、と自分や部下に言い聞かせ、さばいていたが、やがて忙しさに音を上げた。チーフエンジニア兼スポーツ車両統括部長の多田は約百人の部下を抱え、実に多忙だったのである。

その一方で野田を出向先で役員にする、という約束は忘れ去られているかに見えた。多田は悩んだ末に、自分の定年を前に野田のいる子会社に電話を入れた。彼を返してもらう折衝を始めたというわけだ。もちろん、折衝の前に野田に打診をしている。

どうしてるんだ、と多田が尋ねると、電話の向こうから「元気にやっていますよ」という声が返ってきた。

「トヨタとは勝手が違うけれど、ここも勉強になっています」

多田はそんな声を聞きながら思い起こした。

――この男は悪口や不平を口にしない質だったな。

「お人好しが過ぎる」と後輩にまで言われるのは、そうした性分だからである。だが、電話の終わりごろになって、野田が「Zの仕事の方がはるかに面白かった」と漏らした一言を彼は聞き逃さなかった。

「帰ってこいよ、なあ」

さらに間があって最後に、お願いします、という声が聞こえたような気がした。五十五歳を過ぎた野田がこれからどうなるかはわからない。それでも仕事は楽しい方がいいじゃないか、と多田は思った。

野田がチームに出戻ってきたのは二〇一八年一月のことである。二年ぶりの帰還だった。子会社ではさほどの抵抗もなく話が進んだ。

トヨタの同僚たちはこの間の野田の事情には触れず、「おお」とか、「お久しぶり」とか、長い休みが明けて顔を合わせたような、言葉はあいまいだがさっぱりとした挨拶で、再びZの仕事が始まった。

まず、スープラの最終仕上げである。

野田が戻ってくる前年の末に、オーストリア第二の都市・グラーツにあるマグナ・シュタイヤーの工場で、スープラの量産試作車が生まれていた。首都のウィーンから西南に百五十キロほど離れたところにある。マグナ・シュタイヤーはBMWから生産を委託された大きな自動車製造業者で、独自ブランドはもたないものの、ベンツのGクラスやジャガーの電気自動車・Iペースなど、複雑で小、中量の、大手が苦手とする数量の車を柔軟に作る技術を持っている。

「ほう」という軽い嘆息に包まれて、生産ラインをくぐった赤、黄、黒、銀色など六色のスープラが出てきた。偽装のためのマスキングテープを外し、これだけ色の違う車を一度に並べて比較するのは初めてだった。

遠目に色味を見てから近づき、大波のように打ち出したフェンダーの深絞りと後部のふくらみ、ボディをゆっくりと調べ、内装の出来やエンジンルーム、下回りを半日かけて確認した。全員の顔がほころんでいる。よくここまで来たな、と甲斐は思った。

完成するまでに、試作車は数百台も作って、日本、米国、オーストラリア、そして欧州中に送って走りつぶす。甲斐は車が進化するたびにドイツの公道やニュルブルクリンクのサーキット、フランスの田舎道、雪道、イタリアのつづら折りのステルヴィオ峠を試走した。特にニュルブルクリンクサーキットを疾走したときには、助手席で心が震えた。

――とてつもない次元の走りをするようになっている。

加速もブレーキもいい。コーナリングのスピードも速い。それでいて心地よい。タイヤがしっかりと路面をつかんでいた。ハチロクはアウトバーンで走ると二百十キロぐらいがせいぜいで、しかもその域に到達するのに少し時間がかかる。だが、スープラは一瞬で二百五十キロまで出る。高速道路が一本の線のように見える究極の世界だ。あまり速いと危ないから、エンジン出力を制御するリミッターをつけたが、リミッターをカットすれば三百キロ近くまで出るだろう。

満足のいく出来だった。多田は「バリバリ音がする純粋なスポーツカーを作りたい」と訴えてきた。スープラは時代に逆行した最後の高性能ガソリン車である。これに対して、ＢＭＷは二〇一三年にプラグインハイブリッド方式のスポーツカー・ｉ８を発売しており、それに続くｉ９を作りたいという野心を抱いていた。

「トヨタと言えばハイブリッドと最新の環境技術だ。ＢＭＷの強みは走りなのだから一緒にハイブリッドのスポーツカーを作れば、最先端の車になる」。そんな理屈である。だが、多田は、いまはまだ駄目だ、と主張した。

「いまの大きなバッテリーを積めば車は当然重くなる。スポーツカーにとって一番問題なのは重量で、重いとハンドルを切ったときの楽しさがドンと減る。もう少しバッテリーの技術が進めば、素晴らしいハイブリッドのスポーツカーができるだろう。だが、まだ技術が飛躍する分岐点まで来ていない」

──あのとき、自分の考えを通してよかった。

多田は量産試作車を確認した夜、BMWの技術者ら約二十人でオーストリア料理店に行き、祝杯を挙げた。甲斐やデザイナーチームを率いる先進デザイン開発室長の中村暢夫たちも一緒だった。

ここからもう少し改善を加えなければいけないが、やれることはやった、と甲斐は感じた。その達成感はスープラが完成したとき、彼に大胆な選択をさせることになる。

一方、多田はなおも課題を抱えていた。そのひとつがBMWと共同工場を建てるところまで模索した「採算」という大問題である。

スープラの発売近くになって、BMW側が提供する車体価格の見積額がわかってきた。やはり、トヨタの想定より一台当たり百万円前後も高かったのである。

「一体どうなってるんだ。あんたたちの見積もりの詳細を教えてくれ」

多田はいろんなルートで尋ねたが、彼らにはそれを教える義理もない。それで生じる大赤字を抱えたままスープラを発売するのか、だれが責任を取るのか、とトヨタ社内で大議論になった。

最初に出てきたのが、「それなら百万円から二百万円ほど高く、高いクラスは一千万円前後で売ればいいではないか」という声である。多田も「それくらいの価値のある車にするから発売させてくれ」と営業担当者を交えて交渉した。

とたんに異論が出る。うちにはトヨタブランドとレクサスという高級ブランドがあるが、一千万円あたりで売るというのなら、レクサスブランドで売るしかない、というのである。

どんなによくできた車でも、トヨタブランドならせいぜい七百万円を上限としなければならない。それを超えると市場がびっくりする。販売店も扱えない。ブランドとしての値づけには上限があるという。

それで、豊田章男や会長の内山田竹志に相談すると、

「スープラがレクサスブランドなんていうのはありえない」

口をそろえて否定されてしまった。確かに、顧客本位に考えればもっともな理屈である。結局、新型スープラはトヨタブランドとし、二〇〇〇ccクラスで一台四百九十万円、三〇〇〇ccは六百九十万円で売り出すことになった。

だが、赤字はどうするのか。関係役員が何回も集まって会議を開いたが、それから先はだれも決断できなかった。下手に口を出すと、チーフエンジニア以上に責任を負うことになってしまうからだろう。

そのころには、スープラの性能がずば抜けてよいことがトヨタ社内で知れ渡っていて、「こ

れは惜しいな」という声が一方にあった。多田は幹部からこう言われた。

「お前な、今度のスープラには、ＢＭＷが値づけした金額以上の見えない価値があることを証明してみろ。そうすれば収支は赤字でも、役員を説得できるかもしれない」

それで多田がひねり出したのが、共同開発を通じてトヨタが得たＢＭＷのノウハウを金額で試算することだった。トヨタはトヨタスタンダード（ＴＳ）と呼ぶ膨大な設計基準とノウハウを蓄積していることはすでに触れたが、ＴＳを一項目作るために何人ほどのエンジニアがどれぐらいの時間を使うのか、ＴＳ一項目の価値が何万円、あるいは何十万円に相当するのかを換算したうえで、ＢＭＷからトヨタが何件、どれほどの価値のノウハウを吸収したのかを試算したのだった。一説には数百億円という試算結果が出たと言われている。その結果を役員会などで説明した。

「うーん、なるほど」という役員もいれば、「そんなのこじつけだ」と否定する幹部もいる。どうにもならなくなって、関係役員が恐る恐る社長に、どうしますか、と聞きに行ったら、

「何を言ってるんだ。やるに決まってるだろ」

と言われたという。それで、たとえ赤字でもやるべしとなったらしい。そのあとも赤字問題を蒸し返す幹部もいたが、スポーツカー作りは若者の車離れを食い止めるために、採算性を超えて再挑戦したプロジェクトではなかったか、と多田は思った。

野田が帰還してから二ヵ月後の二〇一八年三月、新型スープラのコンセプトカーがスイスのジュネーブモーターショーに登場した。一年後の発売を前に、顧客の反応を見るために作ったレーシングカー仕様の参考出品モデルである。

それを伝えるトヨタの発表文の最後に、〈なお、このスープラコンセプトは、ゲームソフト「グランツーリスモSPORT」に新モデルとして追加される予定です〉という、そぐわない一文が添えられていた。

それは多田たちが古典的スポーツカーに託した、次世代への爪痕のようなものだった。

多田は講演や雑誌の取材で、「自動運転やカーシェアリングの時代に、スポーツカーは生き残れるのですか」という質問を受けることが多くなっていた。スポーツカーの定義を問われたこともある。すると多田は、

「スポーツカーとは本質的に、日常の役に立たないものです」

と話して相手を驚かせた。逆説的だが本音だった。

車は通勤から商談、運送、レジャーに至るまで幅広く、ちゃんと役立つものだ。これに対し、スポーツカーは心を満たす趣味の領域のものだ。その世界はいつまでも残るだろうが、これからの時代は、どんな車好きも体験したことのない付加価値や、スポーツカーを使った新しい遊び方を同時に提供しないと、若者やファンには受け入れられない。

では、車が生き残るための付加価値とは何だろうか。

自動車メーカーの目の前にあるのが、車載コンピューターを活用する道ではないか、と多田は考えていた。ただ、それがどう発展するかは見通せなかったから、とりあえず彼はコンピューターエンタテインメント市場の覇を争う任天堂やソニーグループを何度も訪ねた。車載情報をゲームに活用するのがわかりやすいと考えたからだ。

その一方で異端のエンジニアをZの仲間に引き入れていた。

三　未来の種

話は四年半前にさかのぼる。

BMWとの共同プロジェクトが迷路に入っていた二〇一三年、多田を訪ねて、隣の技術六号館から珍客が現れた。制御システム開発部の制御プラットフォーム開発室長だった。今後十年の車の進化を予測し、次世代の車のコンピューター制御について研究開発を進めていた部署である。

室長は多田を見つけると、「うちに変な奴がいるんです」と切り出した。

「考えていることがよくわからないんです。でも、多田さんも同じようなことをやっているらしいですね」

「主任の井上直也なんですが、正直言って、私の手に負えません」

「だれのこと？」

――ああ、日産出身の井上か。確かに理解し難いだろうな。

彼の人懐っこそうな顔を、多田は思い浮かべた。井上は、カルロス・ゴーンが苛烈なリストラを繰り広げていた日産から二〇〇二年十月にトヨタに転じてきた技術者である。

彼らの制御プラットフォーム開発室は、組織改革を求められていた。課題のプロジェクトを終えて、組織をガラガラポンと解散し、新たに作り直す時期だったのである。

井上はトヨタに転職すると、第二ドライブトレーン技術部でトランスミッション（変速機）の開発に携わった。だが、その〝本業〟とは別に、制御プログラムの研究開発を独自に始め、上司から「お前、それなら違う部署に行ってやった方がはかどるだろう」と告げられた。そして、その仕事を抱えたまま、制御プラットフォーム開発室に異動していた。

トヨタは提案型の会社で、目下の仕事以外のことでも提案して、上役の承認を得られれば部内プロジェクトとして認められる。そして、一定の時間枠をその開発に充てることが許されていた。「改善の血が流れているから」と表現する技術者もいる。だが、組織が解散した後はどうなるかわからなかった。

「あの男を普通の部署に置いたら、つぶれてしまうような気がするんですよ。どうです、多田さんのところにあいつをあげますから、好きにしてくれませんか」

室長の妙な売り込みだった。大きな組織にはたいてい異能の社員がいる。そのひとりが井上だった。その社員の能力が理解を超えるものであるとき、上に立つ者はどうすべきなのか。補充が見込めないのに部員をよそに出せば、その組織の戦力は減るのだが、室長は、「そんなせこいことは言いませんよ」とつけ加えた。

そのとき、多田は青く晴れた冬の日のことを思い出していた。雪の富士山を望む富士スピードウェイで、二〇一一年十二月に、「第一回プリウスカップ全国大会」が開かれていた。速さを競うレースではない。トヨタの販売店や特別参加車がハイブリッドカーのプリウスを使って、燃費と整備の技能を競い合っている。

サーキットを七周走り、燃費効率が良かったチームがトップとなる。ブレーキを踏むとエネルギーが逃げる。スピードを出し過ぎるとタイヤから摩擦熱が逃げる。チームごとに戦略の違いはあるが、たいてい直線を時速百キロ程度で走り、なるべくスピードを落とさずにコーナーに進入して、ブレーキを踏まずにコーナーを曲がる。

多田はヘアピンコーナーを見下ろす小高い丘にいた。そこは見晴らしのいい関係者のスペースだ。ハチロクを発売する四ヵ月前である。隣の人の好《よ》さそうな男に声をかけた。

「レース、始まってるね」

初めて見る男は色白で口角が上がり、若く見えた。それが四十歳の井上だった。微笑みながら、ただ周回を繰り返す車を見ている。Ｆ１のように血沸き肉躍る展開があるわけではない。興味のない者には、ゆっくり走って見える単調なレースだ。

「君はいま何をやってんの？」

「リアルタイムで燃費を表示するシステムを開発しているんです。この大会でも、参加チームがどのくらいの燃費で走っているか、プリウスの燃費情報を集約して公開しています。ピットの中にその燃費表示ボードがあるんですよ」

へぇ、と多田の顔が輝いた。

井上が取り組んでいたのは、車の中のコンピューターを利用し、車の情報を近距離無線通信で外に飛ばす装置だった。いまの車はコンピューター制御によって動いている。エンジン、オートマチックミッション、ハンドル、ブレーキなどすべてに複雑なセンサーがつき、コンピューターで統合して制御されている。加速度情報もエンジンの温度も、それにステアリングが何度切れているか、アクセル、ブレーキをどれだけ踏んでいるのかも、センサーでわかる。

だが、自動車会社はこれまでその情報を社内に閉じ込めていた。悪意を持つ者に外部からハッキングされては困るからだ。

しかし、井上はファイアウォール（防護壁）を作り、標準化して情報を取り出すことができれば、いろんなアプリケーションができ、様々な応用が可能だと信じていた。そういう世界が否応なしにやってくるだろう。彼はその実証の一環として、このプリウスカップで走るトヨタレーシングチームの燃費情報を、携帯電話やパソコンで受け取るシステムを作って持ち込んでいた。

「俺も実は同じようなことをやってるんだ」と多田は言った。

「スポーツカーの走りをゲームで再現するつもりなんだよ」

「どんなことをされているんですか」

「ハチロクの走行データを車のコンピューターに記録して、それをゲームの中に入れればゲームの中で走りを再現できるよな。そういうことから始めたいんだ。ずっと前からその準備をやってきた。車のセンサー情報を使ってアプリクリエイターに面白いものを作ってもらえれば、車そのものが巨大なスマホみたいなものに変わるんじゃないか。車はもっと楽しいことができるよ。考えられないような面白いサービスがあるはずだ」

――これが噂のチーフエンジニアか。やっぱり変わってるな。

井上は自分が「変なやつ」と思われているのに、長身の多田を奇異な目で見上げた。

多田はその二〇一一年に、サーキット場で井上と交わした会話を忘れなかった。

だから、「井上を好きにしてくれ」という制御プラットフォーム開発室長の売り込みをありがたく受け、十四歳年下の井上を、自分が差配するスポーツ車両統括部（ＺＲチーム）の主幹に迎えた。

井上は、いつか車全体の企画に携わりたい、と念じていたので、室長の売り込みと転部に喜びを感じた。彼はやりたいことを求めて、転職を三度、繰り返してきたのだった。

人間には二つのタイプがある。自分に向いたことや好きなことがわかっていて職に就く者と、働きながら自分に向いたことをつかむ者と。井上はとにかく職に就いて、これではないな、と思うと、そこで得た研究知識やプロジェクト体験を担いで身を翻す軽みを備えていた。

彼は九州から北海道釧路市の屯田兵に転じた一族の末裔である。釧路高専から国立豊橋技術科学大学に編入して大学院を修了したとき、祖父たちが酪農で耐え抜いた釧路の地に戻りたいと願った。だが、そこには学んできた生産システム工学を生かせるような職はない。やむなく札幌に行き、ベンチャー企業で複合材料研究に携わったのだが、肝心の会社の経営は思わしくなかった。

このままではだめだ、と思って一年で辞め、母校の大学研究室に戻って研究を続けた。ところが、就職担当でもあった教授から、自分の心の中をずばりと言い当てられる。

「お前は大学教授に納まるタイプじゃないな。行動力が余っているから企業向きだ」

その忠告を受けて、二年後の一九九九年四月、紹介された日産に入社した。釧路を振り出しに愛知県の豊橋、札幌、また豊橋、そして今度は日産の生産拠点である神奈川県厚木市だ。日産の社宅に移り住み、パワートレイン開発本部で無段変速機（ＣＶＴ）のシステム設計に没頭した。

もし、そこにゴーンの登場がなかったら、井上は日産でエンジニア人生を全うしたかもしれなかった。だが、ゴーンは井上が入社して半年後に生産現場を疲弊させるリストラ策「日産リバイバルプラン」を発表した。それは、三つの完成車工場と二つの部品工場を閉鎖して生産能力を大幅に縮小するとともに、三年半かけて日産グループの一四%にあたる二万一千人を削減することを柱とするリストラ案だった。

「再建にタブーはない」というスローガンの下、次々と資産を売却して再建へ歩き出したかに見えたが、ゴーンが強権を振るえば振るうほど、社内忠誠心や自社商品愛は薄まり、多くの技術者が流出していった。一方、社内中枢では幹部らの暗闘が始まっていた。

このとき、井上が所属していた変速機部門はリストラの一環で分社化され、やがて変速機部品の専門メーカーと合併した。社員は日産を辞めて専門メーカーに転籍するよう求められ、その時点で一割が社を辞めたという。

彼は転籍を突きつけられて、自分の仕事人生を考えた。

――「技術の日産」が看板なのに、こんな大事な技術を外に出して大丈夫なのだろうか。ゴーンは短期的にV字回復の業績を見せつけたいのだろう。だが、それで俺たち社員と家族が幸せになるのか。よく考えれば、電気自動車の時代になったら俺たちの変速機部門は不要になる。俺はいつか車全体を作る仕事をしたかったし、自分が大きく変わるならいま、このタイミングだ。

妻の礼子とは大学院時代にバイト先で知り合って結婚していた。控え目でいつも小説を読んでいる。事前に相談しても心配するだけだから、トヨタへの転職もいつものように、ほぼ固まったときに打ち明けた。やっぱり「うーん、わかったわ」というだけで、どこまで受け入れているのかわからなかったが、日産の変質に不安を感じていたのだろう。あなたに任せる、どうせ自分の好きな道に連れて行くのだから、という感じでもあった。

井上は二人の男児に恵まれている。その家族も大事だが、まず自分が楽しくなければ生きている意味がない、と思っていた。エンジニアとは、良くも悪くも自己実現のためにお金をもらって仕事をする人種なのだ。

二〇〇二年春に日産の同僚数人がトヨタに転職したが、彼だけはトヨタ入社を十月にしてもらった。日産は、世界初の三五〇〇ccの大きなエンジンにCVTを載せる開発を続けていて、それは自分にとって刺激的で貴重な体験だったからだ。それが終わって転職したとき、井上は三十一歳になっていた。

トヨタでは驚くことばかりだった。日産は縦割りの会社で、エンジン、トランスミッション、ボディ設計といった重要分野に携わると、一生その道で生き続けることが多い。まわりはその道のプロばかりで、「技術の日産」という言葉がふさわしいと思っていた。

だが、逆に言えば、プロの垣根を飛び越えて別の分野の仕事ができる自由度がない。井上がそうだったが、目の前の仕事以外のことでもやらせる提案文化はなかった。だから、車のコンピューターを利用して何かヘンテコなものを生み出そうというアイデアや技術が現場から生まれにくいのである。

もうひとつ、他社にはまねができないと思ったのは、チーフエンジニアを頂点に置いたZという独特の開発システムだった。日産にもZに似た部署はあったが、ゴーンの登場の前後に変容してしまった。トヨタのZのように、企画から開発、宣伝、販売まで各部門に横ぐしを入れて引っ張り、すり合わせる組織は見たことがなかった。

この組織のいいところは、チーフエンジニアが各部門から異才を集め、秘密のプロジェクトを進められることだった。井上を受け入れたのも、車のコンピューターとゲームを融合する多田の試みに引き入れたかったからで、他の部署では、井上が取り組んでいたコンピューター制御システムの開発はとても続けられなかっただろう。そして、井上の異能はスポーツ車両統括部に異動して四年後、スープラ開発を通じて発揮される。

井上が取り組んだのは、車載コンピューターの情報をパソコンやゲーム機、スマートフォンに送信できるようにする装置である。彼はそれをスープラにオプション装備する「GRレコーダー」という製品に結実させていた。

ハチロクを開発した際、彼はソニーと一緒に、実際の走行データを『グランツーリスモ』というゲームで再現する機能を提供したが、今回の装置はゲームにとどまらず、パソコンにも読み込める仕組みを作った。さらに、スマートフォンに車速や減速度、エンジン回転数、ドライバーの操作情報などを瞬時に送信する機能が実装されている。

この機能を使えば、仮想現実の世界で実際のドライバーに挑戦したり、ル・マンやニュルブルクリンクのレース車両へバーチャルで同乗することも可能になるだろう。

しかし、それも車載コンピューター活用の第一歩に過ぎない。

「GRレコーダーはその名と違って、実は三十以上のコンピューターを持つ車と外部をつなぐゲートウェイ（インターネット上の玄関）だ」と多田は言う。これから車の未来にどうつなげるかは、後輩たちが切り開くことだ。

つけ加えて言えば、そんな夢のような研究開発を継続するのは大企業でも難しい。多田は幹部たちに車載コンピューターの未来や重要性を説いて回ったが、初めは「お前の車をゲームにするつもりか。わざわざ車の価値を下げることになるぞ」とけんもほろろの扱いだった。

理解を示してくれたのは内山田ぐらいで、彼は「お前たちのやっていることはたぶん、だれに話したってわかりゃしない。だけど絶対にやめるな」と言った。

「そういうことは何年後かに必ず花開くものだ。よくよく困ったら俺が何とかしてやるから、絶対にやめずにこっそりやってろ」

その言葉を後輩たちが思い出し、晴れ晴れと空を仰ぐような日がきっと来るだろう。

四　みんなジャイアンになった

デジタル表示の競り値はぐんぐん吊り上がり、広い会場の一角で多田は凝然と立ちすくんでいた。

二〇一九年一月、スープラの量産第一号車が米国のアリゾナ州で世界最大級の「バレットジャクソン」チャリティーオークションにかけられていた。発売前に米国トヨタが発案したのだが、競り値は上がり続けて、とうとう二百十万ドル（約二億三千五十万円）の落札価格がついた。本体価格が五万五千二百五十ドル（約六百万円）だから、その約四十倍ということになる。

落札者はトヨタ車などを扱う全米有数のカーディーラーだったが、オークションの結果は一九七八年から北米に投入されてきたスープラが強い人気を保っていることを示していた。

多田は先輩の言葉を思い出した。「スープラは日本車じゃなくて、もう米国のものなんだ」。特に四代目にあたるスープラ80型は米国映画『ワイルド・スピード』に登場して人気を集めていた。二〇〇二年に生産を終了していたが、ハチロクを開発するころから、米国のディーラーたちは「いっそ五代目のスープラを復活させてくれ」と強く要望していたのだった。その声を意識して今度の90型は「バットマンカー」を思わせる、米国人好みの厳《いか》ついデザインを採用している。

日本発売は令和がスタートした二〇一九年五月のことである。テレビCMに登場した豊田章男が両手を広げ、「スープラ・イズ・バック！　（スープラが戻ってきた）」と叫んでいた。

ところが、多田の主張に対し、営業部門は二人乗りの趣味の車だからさほど売れないとみて、十分な台数を準備していなかった。営業部門は慎重で、膨大な過去のデータや市場調査結果を盾に、毎回販売計画を低く見積もる傾向にある。蓋を開けてみると、営業の予想を覆して予約が殺到した。半年分の予約枠がわずか二日で売り切れ、一週間ほどで予約を中断する騒ぎになった。

「ほら見ろ！　けちった結果がこんな始末だ」

と多田は怒ったが、高級スポーツカーは大衆車のように急な増産がきかないので、いつになったら乗れるのか、という客や販売店から届くクレームの矢面に立たされた。スープラはオーストリアのマグナ・シュタイヤーに委託生産し、ベルギーのトヨタで検査をして船便で送るから時間がかかるのである。

最大の販路だった米国では一月、デトロイトで全世界に向けたスープラ発表会を開いたのだが、事情があって実際に発売したのは半年後である。たちまち購入希望者が販売店に押しかけた。肝心の在庫はほとんどなく、しばらくの間、プレミアがついて十万ドル近くで取引された。ちなみに、米国は販売方法が日本の予約方式と違って、ディーラーにある在庫車を売るというやり方なので、どうしても欲しいという客は割り増しを承知で買っていくのだという。

こうしたプレミア人気も追い風になって、スープラは北米を中心に順調に売れた。

初年度は販売期間が年の後半ということもあり、全世界の販売台数は五千七百七十台（うち日本は八百八十台）だったが、翌年の二〇二〇年は倍近い一万八百三十台（日本二千六百五十台）を数え、二〇二一年八月までの累計販売台数は二万四千六百七十台（日本四千三百九十台）に上った。日本だけを見ても、二〇一九、二〇二〇年の二年間でライバルの日産フェアレディZ（八百九十台）の三・五倍、GT‐R（千四百四十台）の二・五倍近くを販売した。

さらにスープラは二〇一九年十一月、ドイツで最も権威のあるゴールデンステアリングホイール賞を、八年ぶりにフルモデルチェンジしたポルシェ911を抑えて受賞した。ポルシェ911はモデルチェンジのたびにこの賞を取ってきたため、下馬評を覆してスープラが受賞したニュースは、ドイツトヨタの面々までびっくりさせた。

だが、授賞式の多田が「チーフエンジニア」と呼ばれることはなかった。

「開発の区切りがついた」として、スープラ発表の少し前の一月一日付の異動で、チーフエンジニアから格下の主査になっていたからである。彼は二年前に定年の六十歳を超えていた。当初は「今のままの立場で五年間働く」といった特例の雇用延長だったのだが、名古屋駅前の名古屋オフィスに転出するように机が用意された。開発の拠点である本社の技術本館を後にしたのだった。

ただし、彼はその後もスープラの開発責任者であり続け、名古屋からスープラのマイナーチェンジをドイツに指示していた。

不思議な責任者だった。

しかも、多田の後任のチーフエンジニアは、それから一年以上も空席になったままだったから、少なからぬ技術者が「どうなってるんだ」と首をひねった。「社長や幹部がしっかりしていれば、もうCEは必要ないということなのか」という声もあった。

古くは「車両担当主査」と呼ばれたチーフエンジニアは、トヨタの製品開発の柱であった。その企業文化の中で育った技術者たちが、一部門だけにせよ、チーフエンジニア不在の時代をいぶかしむのは当然のことだっただろう。

そうしたトヨタの変化をじっと見つめる人々がいた。

ドイツの甲斐もそのひとりだった。彼は本社から「ミュンヘンオフィスを二〇一九年中にたたんで帰国してこい」と指示を受けたのを機に、ドイツで転職活動を始め、その年の末にはトヨタに辞表を提出してしまった。「マグナ・シュタイヤー社のドイツ拠点に転職する」というのだ。

彼の師匠だった主査の野田は国際電話を受けて「本当か！」と大声を上げ、「もう引き留めても無駄なのか……」と絶句した。同僚たちも仰天した。

甲斐の妻は怒った。彼女は大学でのキャリアを手放し、ドイツでようやく生活の安定を実感しつつあるころだった。

「なんで辞めないといけないの？　日本に帰ればいいじゃない。辞める理由がわからない。家族の生活がかかっているのよ」

まったくその通りなのだ。彼女と周囲のこんな言葉は理にかなっている。

「日本に帰ればトヨタで仕事が待っているし、妻はまた大学に再就職できるだろう。家もある。なぜそれらを放り投げてドイツに残らないといけないんだ。手取りも減る。家族にはすべてリスクでしかないだろう」

だが、甲斐にはトヨタでやりきってしまったという思いがある。ひとつはF1プロジェクトに携わること、もうひとつはZという組織でスポーツカーを企画し、開発することだった。その夢は叶えた。今のままで、BMWとのプロジェクトに注ぎ込んだエネルギーを再充電し、スープラを超える車を作ることはできない、と思った。

トヨタに入社して二十年。四十六歳だったから、六十五歳まで働けるとすれば、あと約二十年ある。折り返し地点に立っていた。

味方がいないわけではない。妻が反対したときに中学二年生だった長女は、「お父さんをひとりで残すわけにはいかないよ。家族で一緒にいよう」と言ってくれた。これでうまくいかなかったらただの間抜けだな、と思っていたときに、先輩にかけられた言葉が思い浮かんだ。

「今の会社に戻ってきても、お前は決して幸せにならないよ」

自動車業界には電動化、自動化、コネクテッド、シェアリングの大波が押し寄せ、百年に一度の変革期を迎えている。創業家社長の章男が「勝つか負けるかではなく、生きるか死ぬかの闘いが始まった」と訴える危機意識のなかで、風変わりで物言うエンジニアが煙たがられるようになっている。少し前まで社内はパワハラまがいのこともあったが活気があり、伝説的な技術者がいた。その系譜に連なるひとりが多田だった。

「お前はどっち向いて仕事してんだ」

と甲斐はよく多田から叱られたものだ。甲斐が会社の都合に合わせて丸く収めようと思ったり、安易にコストを削ろうと思ったりしていると、

「俺や会社を満足させようとしてるんだったら、それは大間違いだぞ。お客さんがどう思うかを考えろ」

そう言われてはっと我に返る真っ直ぐな感情が、甲斐には残っていた。そして、忖度から無縁な多田をチーフエンジニアから外し、後任不在ということも甲斐を落胆させた。

——あれが実績を上げた人に対する扱いなんだろうか。

チーフエンジニアがいないトヨタなんてあり得ない。それでいい車ができるのか、とも甲斐は思った。

「本物の車作りをしたことがない人や、Zという組織がなぜ必要なのか理解していない人たちが上に立っているのではないか」という声は幹部やOBにもあった。いまのトヨタムラには、周囲がトップに忖度するあまり、チーフエンジニアやZチームが脚光を浴びることを嫌う雰囲気が漂っている、という厳しい指摘さえある。技術者にスターはいらない、という空気である。

甲斐が転職するという知らせは、最後に多田のところにもたらされた。甲斐はもう転職の契約を済ませていた。甲斐にはZに戻ってもらいたかったのだが、二度も転職している多田は、「俺もお前だったら、そうしているかもしれないな」と告げた。甲斐は決断をほめてくれたと受け止めた。

持ち家の始末をつけ、親に挨拶をして、あわただしくドイツに戻るとすぐに試用期間が始まった。これでよかったのか、という葛藤と不安の日々だ。二〇二〇年三月を迎えると、ドイツも新型コロナウイルスの感染拡大からロックダウン（都市封鎖）の事態に陥り、短時間勤務や解雇のニュースが報じられた。甲斐も在宅勤務を続けた後、二つのチームに分かれて出勤した。七月初めに正式採用となり、解雇の悪夢を見ることはなくなったが、転職が吉と出るか凶と出るかはまだわからない。

約三十人のアウディプロジェクトのプロジェクトリーダーも経験した。午前六時過ぎに起床し、七時過ぎに会社へ車で向かう。ハンドルを握りながら、自分に言い聞かせている。

「吉と出すしかないぞ」と。


甲斐の転職から約一年後の二〇二一年一月、多田は突然、会社を辞めた。

コロナ禍とリモートワークが続いていた。厚遇を約束された雇用延長の期限は一年半も残っていたが、家にいながら会社のタダめしを食うのはいやだな、と思ったのである。

コロナ禍に見舞われたのは、スープラのマイナーチェンジも終え、欧州やアメリカでの試乗会に行こうとしていた矢先だった。二〇二〇年のユーザーイベントや講演会はすべてキャンセルになり、国内だけを回っていた。この先も思うように動くことはできない――そう考えた後、（よし、さっぱりと会社を辞めて、自然のなかで今までと真逆の暮らしをしてみよう）と心に決めた。すると、忘れかけていた生気がよみがえってきた。

別れを同僚に告げず、挨拶状も出さなかった。送別会もコロナ禍を理由に断った。退職するとメールや葉書を出すのが慣例になっている。会社での成果や思い出を連ねて、「いつまでも会社を愛してます」といった文章で締めくくるパターンだ。それを未練たらしいな、と思う自分がいた。しばらくして、会長の内山田からフェイスブックで「お前、会社辞めたらしいな」とメッセージが送られてきた。

「どうしたんだ」という問いかけに多田は、「こういう時期ですから」と応えた。消えるようにいなくなるのも自分らしい。

「色々なことが落ち着いたら改めてご挨拶に参上してもよろしいですか」

「それはいいけど、お前、なんだ」

水臭いぞ、と伝えたかったのだろうか。

ハチロクを一緒に開発した「のび太ーず」の面々にも連絡は取らなかった。

彼らとはその一年半前に会った。のび太ーずの三人は発売される新型ハチロク「GR86」の開発担当で、試作車が出来上がったころ、長兄格の野田から「空いてる時間はいつですか」と電話がかかってきた。

本社のテストコースで、二〇〇〇ccから二四〇〇ccにパワーアップさせた彼らのハチロクを多田に試乗させるというのである。たぶん役員に試乗させる前のことだった。助言を得たかったのではないだろう。そうすることが最初の開発者への礼儀だと思っていたようだった。

もう桜はすっかり散って、走路には春の柔らかな風が吹いていた。三十分ほど試走した。あれこれ感想はあったが、「よくできてるね」と伝えて、早々に引き上げた。彼らの気遣いはひどく嬉しかった。晴れやかな気分をそのまま胸にしまっておきたかった。

それに走路脇で見守っていた三人はもう、それぞれが独り立ちしている。車はかくあるべし、技術者はこう生きるべきだ、と語る気持ちから多田は遠ざかっている。

野田は相変わらず無口で骨惜しみをせずに励んでいるし、佐々木はエンジニアの欲望のままに生き、中村は『釣りバカ日誌』の西田敏行のようなキャラクターを立派に演じている。もう自分の出る幕ではないような気がした。

多田の去った会社で、次男格の佐々木などはこんな話をしているのである。「のび太がそれぞれ成長して、俺たちはみんなジャイアンになった」


多田はそれから三重県の山奥に移住した。打ち捨てられていた古い別荘地を千坪ほど安く買い、アマチュア無線技士の免許を再取得して、ハンディ無線機を買った。新聞も届かないところだが、業者と交渉して光ケーブルも確保した。これで世界とつながっていられる。

ショベルカーの免許も取った。NHKの『ウルトラ重機』という番組を見、ミュンヘンで世界最大級の建設機械展が開かれていたのを思い出したのだ。「重機はすげえぞ」とBMWの技術者も言っていた。パワーショベルで荒れ地を掘ったり埋めたりするのは楽しそうだ。そう思うと矢も楯もたまらず、教習所に通った。もっと大きな免許取得のために現場で作業したいと思って、ハローワークに出かけたが、雇ってくれそうなところはなかった。

「だったら買うか。楽しいからな」。小型ショベルカーなら百五十万円で買えるのでチラシやネットを見て物色していた。すると、それまで弁当を作って送り出してくれた妻の浩美が怒り出した。

「何を言っているの。あんなでかいもの、いくら土地が広いところへ行ったって邪魔でしょうがないわ」

「それならレンタルかあ。なんかいまいち気分が盛り上がらないな」

そう言うと、またこっぴどく叱られる。

「すぐに飽きちゃうんでしょう」

確かに五年もすれば山暮らしに飽きるかもしれないし、カネも尽きるかもしれない。そうなったらまた都会に戻ってくればいいじゃないか。

サラリーマンはたいてい、煩わしい人間関係から解放されて好きなことをやりたい、と言う。でも会社人生を終えると、今度は生活と老後の不安、それに過去の自分を引きずって、昨日に続く今日を迎えている。子供のころはやりたいことだらけだったのに、いまは好きなことがわからないという人までいる。

——あれこれ突き詰めるよりも、一歩踏み出すことだな。

自分に問いかけることがあると、多田は小針神明社の杜《もり》をめがけて散歩に出かけたものだ。十四年前、スポーツカー開発の特命を受ける前はいつも、ラブラドール・レトリーバーの老犬ダッチと一緒に、夜の木立の間を抜け、田の畦道をさまよった。

歩きながら愛犬に罵声を浴びせ、好きな車を作ることのできない憂さを晴らしたり、ハチロク開発の苦しみを吐き出したりしたのだ。彼を失ってしばらくは友人を失ったような寂しさを味わったが、その代わりに念願のスポーツカーを二台も作ることができた。

いまは胴長短足のミニチュアダックスが四匹。浩美がいないと、この小さな犬たちは家の前で突っ張って歩かないので、夕方に夫婦でぞろぞろと散歩をし、移住したいまは放し飼いをしている。

きょうは小春日和だ。地方新聞社から定期コラムを依頼されたり、自動車雑誌でｗｅｂ連載を始めたり、ＮＰＯ法人日本ソープボックスダービー協会の理事長を引き受けたり、世間とのつながりは断つことができないが、もう犬に八つ当たりすることもない。

ただ、街に出たりして、風に心を遊ばせていると、妻から、

「あなた、あそこのショベルカーをうっとりと眺めてたでしょう。絶対に買わないわよ」

とくぎを刺されたりするので、油断ができない。

これはトヨタ自動車の長谷川龍男、和田明広、北川尚人、多田哲哉のチーフエンジニア四人と、トヨタ、スバル、マツダの多数の技術者、家族らの直接証言をもとにしています。

彼らの取材内容には秘事も含まれていますが、すべて実名とし、文中の敬称は省略しました。

取材に四年近くも要したため、昨年三月に亡くなられた和田氏や、肺がんと闘った弟の清武清には本書を届けることができませんでした。

車とＦ１をこよなく愛した二人に、これを捧げます。

二〇二三年一月　清武英利

清武英利 きよたけ・ひでとし

１９５０年、宮崎県生まれ。立命館大学経済学部を卒業後、１９７５年に読売新聞社に入社。社会部記者として警視庁、国税庁などを担当し、２００１年から中部本社社会部長を務める。東京本社編集委員、運動部長を経て、２００４年に読売巨人軍取締役球団代表兼編成本部長に就任。２０１１年に同専務取締役球団代表兼GM・編成本部長・オーナー代行を解任され、以後ノンフィクション作家として活動する。２０１４年『しんがり 山一證券最後の12人』で講談社ノンフィクション賞を、２０１８年『石つぶて 警視庁 二課刑事の残したもの』で大宅壮一ノンフィクション賞読者賞を受賞。『トッカイ 不良債権特別回収部』（講談社文庫）、『プライベートバンカー 完結版 節税攻防都市』（講談社＋α文庫）、『後列のひと 無名人の戦後史』（文藝春秋）ほか、著書多数。

＊本書は「週刊現代」２０２０年11月28日号から２０２１年11月６日号に掲載された「ゼットの人びと トヨタ『特命エンジニア』の肖像」（全34回）を加筆・修正したものです。

どんがら トヨタエンジニアの反骨《はんこつ》

二〇二三年二月一五日　第一刷発行

著者　清武英利《きよたけひでとし》
発行者　鈴木章一
発行所　株式会社講談社
東京都文京区音羽二-一二-二一　郵便番号一一二-八〇〇一
電話　編集　〇三-五三九五-三四三八
販売　〇三-五三九五-四四一五
業務　〇三-五三九五-三六一五
印刷所　株式会社新藤慶昌堂
製本所　大口製本印刷株式会社

定価はカバーに表示してあります。
落丁本・乱丁本は購入書店名を明記のうえ、小社業務あてにお送りください。
送料小社負担にてお取り替えいたします。
なお、この本についてのお問い合わせは週刊現代編集部あてにお願いいたします。

ISBN978-4-06-531157-8 19cm 352p

KODANSHA